INHALT

VORWORT

Die Idee zum SPICKZETTEL kam mir, als ich bei der Gestaltung einer Anzeige fast das Logo des Kunden vergessen hätte! Wie hätte ich das erklären sollen? Ich wäre wohl dumm dagestanden! Das sollte nicht noch einmal passieren – eine Checkliste musste her. Als ich mit dem Buch begann, bemerkte ich, dass es weitaus mehr zu beachten gilt als Logo und Firmenadresse. So wurde das Buch zu einem Riesenmerkzettel, der inzwischen nicht mehr wegzudenken ist!

Warum „Spickzettel"?

Spickzettel sind kleine Zettel, die benutzt werden, um kleinere Erinnerungslücken zu überbrücken oder einfach nur um sich selbst etwas Sicherheit zu verschaffen. Mit SPICKZETTEL steht ein komprimiertes „Basis"-Nachschlagewerk zur Verfügung, das in Form einer Checkliste die wichtigsten Punkte auflistet, die bei der Erstellung verschiedenster Kommunikationsmittel zu beachten sind. Vom Geschäftsbrief bis zum Flyer, von der Visitenkarte bis zur Pressemitteilung, vom Plakat bis zum TV-Spot – im SPICKZETTEL sind die wichtigsten Informationen zu den einzelnen Kommunikationsmedien kurz, präzise und praxisorientiert zusammengefasst.

Für den schnellen Überblick

Ziel ist es mit diesem Buch ein Medium zu schaffen, das allen Interessierten bei der fehlerfreien Umsetzung von Werbemaßnahmen Hilfestellung bietet. Im SPICKZETTEL lassen sich gesetzliche Vorgaben sowie Standardangaben schnell finden. Alle Themen werden an Beispielen erläutert, was die Umsetzung in der Praxis erleichtern soll. Dabei geht es weniger um die Gestaltung kreativer Layouts als um wesentliche Grundlagen – etwa was beim Aufbau einer Internetseite zu beachten ist.

Die Gestaltung, Copy-Strategie und Art der Kommunikation ist immer vom jeweiligen Unternehmen und dessen Produkt abhängig. Jede Werbung eines Gewerbetreibenden in Deutschland muss einigen gesetzlichen Pflichten folgen. Um einen ersten Einblick zu gewinnen, behandelt das Buch einen Auszug zahlreicher Kommunikationsmittel und allgemeiner Pflichtangaben sowie die wichtigsten Gesetzestexte. Bestimmte Branchen bedürfen besonderer Pflichtangaben (z.B. Makler, Autohändler, Banken etc.). Aufgrund der Fülle der branchenspezifischen Sachverhalte wurde nicht explizit auf jeden eingegangen.

Obwohl das Buch mit der gebotenen Sorgfalt erstellt wurde, kann keine Gewähr für die Richtigkeit und Vollständigkeit des Inhalts übernommen werden. Sollten Fehler auftauchen, oder etwas vergessen worden sein, sind Korrekturen oder Ergänzungen an (info@reinspicken.de) sehr erwünscht. Korrekturen und kleine gesetzliche Erneuerungen werden online (www.reinspicken.de) und kostenfrei zur Verfügung gestellt.

VIEL SPAß BEIM STÖBERN!

WIE IST DAS BUCH AUFGEBAUT?

Zu jedem vorgestellten Kommunikationsmedium bzw. Thema finden sich alle wichtigen Informationen jeweils auf der Doppelseite zusammengefasst (das erspart langes Suchen und Blättern).

- Jedes Kapitel beginnt mit einer kurzen Einführung in die relevanten Eigenschaften des jeweiligen Kommunikationsmediums und schließt mit einer umfangreichen <u>Checkliste</u>, die auf den blaufarbig hinterlegten „Zetteln" abgedruckt ist. Die Checkliste fasst auf einen Blick alle notwendigen Angaben/Vorgaben für die Erstellung eines Mediums zusammen. Der besseren Lesbarkeit halber folgt die Reihenfolge der zu beachtenden Punkte dem bezifferten Praxisbeispiel auf der Buchseite rechts (gelesen von oben nach unten).

  Farbliche Kennzeichnung in der Checkliste:

  ■ Pflichtangaben, die gesetzlich befolgt werden müssen
  ■ Gestaltungsvorgaben, die beachtet werden sollten
  ■ Unternehmensvorgaben sind Richtlinien, die eingehalten werden müssen

- Alle angeführten <u>Beispiele</u> für Kommunikationsmittel beziehen sich auf Produktwerbung, da hierbei die meisten Vorgaben/Angaben zu beachten sind.

- Die praxisnahen <u>Tipps</u> helfen unterstützend bei der Erstellung von Werbemitteln.

- Eine <u>Matrix</u> mit allen Vor- und Nachteilen hilft bei der Entscheidung für den richtigen Kommunikationsträger bzw. das richtige Kommunikationsmittel.

- Ein <u>Glossar</u> erklärt branchentypische Fachbegriffe.

- Ein <u>Register</u> erleichtert das Nachschlagen.

KLASSISCHE

KOMMUNIKATION

GESCHÄFTSBRIEF
Die Form wahren!

Geschäftsbriefe sind alle ein- und ausgehenden Mitteilungen eines Gewerbebetriebs (auch Faxe, Lieferscheine, E-Mails, Angebote, Rechnungen, Auftrags- und Anfragebestätigungen), die an einen bestimmten Empfänger (oder mehrere) gerichtet sind. Ein Geschäftsbrief muss die in der Checkliste aufgeführten Informationen enthalten (§ 37 a HGB, § 80 AG, § 35 a GmbHG, § 125 a Abs. 1 HGB). Konkrete Vorschriften darüber, wo die Pflichtangaben auf dem Geschäftsbrief platziert werden müssen, gibt es nicht. Die Angaben müssen jedoch deutlich lesbar sein.

Nicht als Geschäftsbrief gelten: der interne Schriftverkehr zwischen einzelnen Abteilungen, Büros, Filialen und Niederlassungen des Unternehmens sowie Quittungen und Nachrichten, die an keinen bestimmten Empfänger gerichtet sind, z.B. Flyer, Postwurfsendungen und Anzeigenwerbung.

Die Schreib- und Gestaltungsregeln werden vom Deutschen Institut für Normung (DIN) in DIN 5008 geregelt. Als Standardformat gilt in Deutschland DIN A4.

CHECKLISTE

1 Genau eingeschriebene Firmenbezeichnung und Rechtsform (bei Kleingewerbetreibenden: Name und mind. ein ausgeschriebener Vorname)

2 Straße, Hausnummer, PLZ, Wohnort

3 Telefon-Nr., Fax, ggf. E-Mail, Internet

4 Bankverbindung

Gilt nicht für Kleingewerbetreibende:

5 Firmensitz/Stammsitz

6 Registergericht

7 Handelsregisternummer

8 Geschäftsführer/Inhaber/Vorstand/Aufsichtsrat mit mind. einem ausgeschriebenen Vor- und Zunamen (bei AG: Vorsitzenden des Vorstands nennen)

■ Angabe von Liquidatoren/Abwickler bei Liquidation (z.B. reinspicken GmbH i. L.)

■ Bei Angaben zum Kapital der Gesellschaft, müssen das Stammkapital und der Gesamtbetrag der ausstehenden Einlagen angegeben werden

■ Allg. Geschäftsbedingungen (bei Vertragsabschluss, Abbildung meist auf der Rückseite) § 305 ff. BGB

■ ggf. Wasserzeichen

■ Siehe Werbung und Gesetze S. 68-71

TIPPS

- Schriften nicht kleiner als 6 pt
- Keine Serifenschrift bei ungestrichenem Papier, wird sonst unlesbar
- Papierempfehlung 90-120 g/m²
- Papierwahl sollte für die Verwendung verschiedenster Druckverfahren geeignet sein
- Wird der Geschäftsbrief im Unternehmen komplett gedruckt: Automatisch generierten weißen Rahmen durch den Drucker beachten
- QR-Code dient zur schnellen Sicherung der Kontaktdaten
- Aufbewahrungspflicht: 6 Jahre

DIN A4, 210 x 297 mm, DIN 5008, (Maßangaben in mm)

45

reinspicken GmbH Tippstraße 100 79100 Trickstadt.

←20→   5

Muster Leser   Absender- und
Leserstraße 1   Anschriftenfeld für
79098 Leserstadt   Fensterbriefumschläge

45

←————— 85 —————→

Falzmarke 105

15.05.2012
Schummeln erlaubt

←9–⑥

Sehr geehrter Herr Leser,

75

wir bedanken uns für Ihr Interesse an unserem Buch „SPICKZETTEL" und senden es
Ihnen gerne zu. Wir wünschen Ihnen viel Spaß beim Blättern, Lesen und Schauen. Wir
freuen uns aber auch über gute Anregungen, Kritik, Fragen und rege Kommunikation.

Lochmarke 148.5

Herzliche Grüße aus Trickstadt
Gisela Gelernt
Gisela Gelernt

Falzmarke 210

105

1 reinspicken GmbH
2 Tippstraße 100
79100 Trickstadt
Postach 12 34 56
79120 Trickstadt
3 Tel. 0761 1 23 45
Fax 0761 1 23 46
info@reinspicken.de
reinspicken.de

4 Bankverbindung:
Deutsche Bank, Trickstadt
BLZ 680 900 00
Konto-Nr. 12 34 56 78
IBAN: DE 1234 5678 90000 01234 56
SWIFT Code: NBAEDT3E

USt-IdNr.: DE 123456789
reinspicken GmbH
5 Sitz: Trickstadt
6 Registergericht:
Amtsgericht Trickstadt
7 HRB 12345
8 Aufsichtsratsvorsitzender:
Dr. Klaus Spicker
Geschäftsführer:
Heinrich Schummler

9

RECHNUNGSBOGEN
Mehr als nur Zahlen!

Eine Rechnung ist zunächst auch ein Geschäftsbrief. Rechnung im Sinne des §§ 14, 14 a UStG in Verbindung mit §§ 31-34 UStDV ist jedes Dokument, mit dem eine Lieferung oder sonstige Leistung abgerechnet wird. Bei der Erstellung einer Rechnung müssen die in der Checkliste aufgeführten Punkte beachtet werden.

Keine Rechnungen sind Schriftwechsel die den Zahlungsverkehr betreffen, z.B. Lieferscheine, Kontoauszüge oder Mahnungen.

CHECKLISTE

1 Vollständiger Name, Anschrift des leistenden Unternehmers und des Leistungsempfängers
2 Fortlaufende Rechnungs-Nr.
3 Ausstellungsdatum
4 Menge, Art, Umfang der Leistung
5 Nach Steuersätzen aufgeschlüsselte Nettobeträge
6 Steuersatz
7 Zahlungsbedingungen/im Voraus vereinbarte Minderung des Entgelts anzuwendender Steuersatz
8 Zeitpunkt der Lieferung (nur bei Rechnungen über 150 €)
9 Eigentumsvorbehalt
10 Bankverbindungen
11 USt-IdNr. (gilt international) oder Steuer-Nr.
12 Registergericht, Handelsregister-Nummer
13 Alle Geschäftsführer/Aufsichtsrat (mind. ein ausgeschriebener Vor- und Zuname)
   ggf. Hinweis auf die Aufbewahrungspflicht des Leistungsempfängers (nur bei Rechnungen über 150 €)
   ggf. Hinweis bei Steuerbefreiung z.B. „Kleinunternehmerregelung"

TIPPS

- Schriften nicht kleiner als 6 pt
- Keine Serifenschrift bei ungestrichenem Papier, wird unlesbar
- Papierempfehlung 90-100 g/m^2
- Papier sollte für Offset- wie auch Digitaldruck geeignet sein (mit wenig Farbabweichungen)
- Rechtsform des Leistungsempfängers notwendig, da sonst nicht vom Finanzamt anerkannt
- USt-IdNr. (für EU-Geschäfte) beantragen bei bzst.de
- Aufbewahrungspflicht: 10 Jahre

DIN A4, 210 x 297 mm, DIN 5008, (Maßangaben in mm)

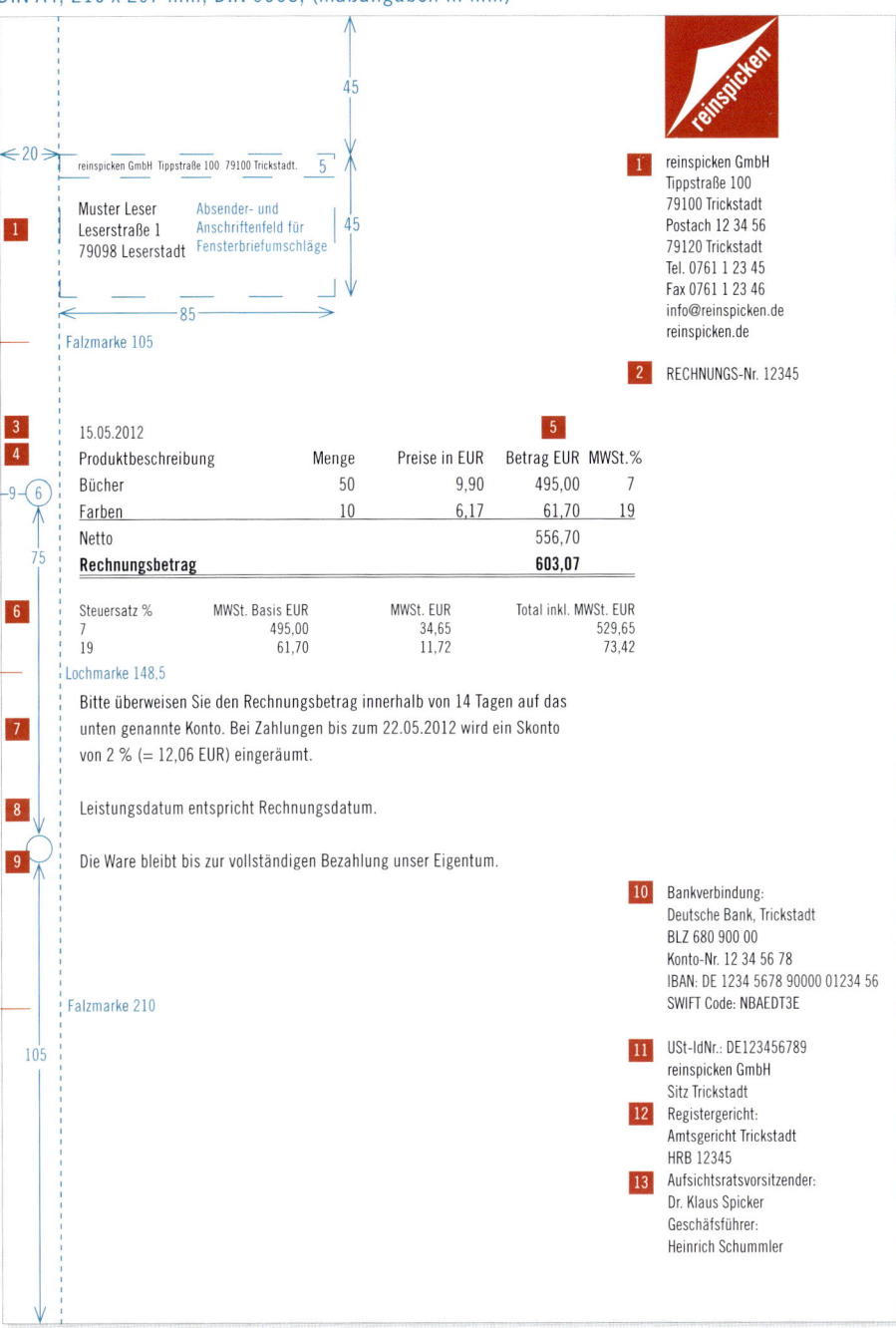

reinspicken GmbH Tippstraße 100 79100 Trickstadt.

Muster Leser
Leserstraße 1
79098 Leserstadt

Absender- und
Anschriftenfeld für
Fensterbriefumschläge

Falzmarke 105

1 reinspicken GmbH
Tippstraße 100
79100 Trickstadt
Postach 12 34 56
79120 Trickstadt
Tel. 0761 1 23 45
Fax 0761 1 23 46
info@reinspicken.de
reinspicken.de

2 RECHNUNGS-Nr. 12345

15.05.2012

Produktbeschreibung	Menge	Preise in EUR	Betrag EUR	MWSt.%
Bücher	50	9,90	495,00	7
Farben	10	6,17	61,70	19
Netto			556,70	
Rechnungsbetrag			**603,07**	

Steuersatz %	MWSt. Basis EUR	MWSt. EUR	Total inkl. MWSt. EUR
7	495,00	34,65	529,65
19	61,70	11,72	73,42

Lochmarke 148,5

Bitte überweisen Sie den Rechnungsbetrag innerhalb von 14 Tagen auf das
unten genannte Konto. Bei Zahlungen bis zum 22.05.2012 wird ein Skonto
von 2 % (= 12,06 EUR) eingeräumt.

Leistungsdatum entspricht Rechnungsdatum.

Die Ware bleibt bis zur vollständigen Bezahlung unser Eigentum.

Falzmarke 210

10 Bankverbindung:
Deutsche Bank, Trickstadt
BLZ 680 900 00
Konto-Nr. 12 34 56 78
IBAN: DE 1234 5678 90000 01234 56
SWIFT Code: NBAEDT3E

11 USt-IdNr.: DE123456789
reinspicken GmbH
Sitz Trickstadt
12 Registergericht:
Amtsgericht Trickstadt
HRB 12345
13 Aufsichtsratsvorsitzender:
Dr. Klaus Spicker
Geschäftsführer:
Heinrich Schummler

11

VISITENKARTE
Persönliches Firmenschild!

Die Visitenkarte fand in früheren Zeiten eine etwas andere Verwendung als heute. Übermittelte man damals bei Besuch mit der Übergabe der Karte an den Hausdiener, wer aus welchem Grund an der Pforte steht, werden heute mit der Karte alle für die Kontaktaufnahme relevanten Daten weitergegeben.

Da Visitenkarten hauptsächlich in der Geschäftswelt verwendet werden, ist neben dem Namen und den Kontaktdaten der Person auch meist die eigene Position innerhalb des Unternehmens vermerkt.

Die Visitenkarte ist im Geschäftsalltag ein wichtiges Medium, um einfach und schnell Kontaktdaten mit Geschäftspartnern auszutauschen und einen bleibenden Eindruck zu vermitteln. Sie sollte daher nicht marktschreierisch gestaltet sein, sondern seriös und vor allem persönlich wirken.

CHECKLISTE

1. Logo/vollständiger Firmenname
2. Straße, Hausnummer, PLZ, Wohnort
3. Telefon-Nr., Mobilnummer, Fax, E-Mail, Internetadresse
4. Vor- und Nachname, ggf. Titel
5. Funktion im Unternehmen
6. ggf. Key Visual
7. ggf. Slogan
- ggf. Öffnungszeiten (z.B. Arzt-Praxis)
- ggf. Privatanschrift
- ggf. Jahreskalender (Rückseite)
- ggf. Anfahrtsskizze (Rückseite)

TIPPS

- Optimale Schriftgröße zwischen 8.5-10 pt
- Schriften nicht kleiner als 6 pt
- Keine Serifenschrift bei ungestrichenem Papier, wird unlesbar
- Papier sollte für Offset- wie auch Digitaldruck geeignet sein (mit wenig Farbabweichungen)
- Papierempfehlung 150-300 g/m²
- QR-Code dient zur schnellen Sicherung der Kontaktdaten (V-Card)

Scheckkartenformat 85 x 55 mm (EU)

4 **Dr. Klaus Spicker**
5 Geschäftsführer

1 reinspicken GmbH
2 Tippstraße 100
79100 Trickstadt
Postach 12 34 56
79120 Trickstadt
3 Tel. 0761 1 23 45
Fax 0761 1 23 46
info@reinspicken.de
reinspicken.de

Vorderseite

6

7

Rückseite

ANZEIGE
Aus der Masse hervorstechen!

Zeitschriften und Magazine bedienen anders als Zeitungen eine meist klar umrissene, an bestimmten Themen interessierte Leserschaft. Daher steht vor dem Schalten einer Anzeige erst einmal die Notwendigkeit einer detaillierten Auswahl der in Frage kommenden Printmedien, um die Anzeige auch der richtigen Zielgruppe zuzuführen.

Der Leser einer Anzeige zuhause, im Wartezimmer oder in der Straßenbahn hat Zeit, und wird daher einer Anzeige mehr Aufmerksamkeit schenken können als z.B. einem Plakat, das er nur im Vorübergehen erfassen kann. Daher sollte die eigene Anzeige die anderen in der Zeitschrift übertrumpfen und den Leser emotional ansprechen, damit er sich auf die Botschaft einlassen kann.

Da die Kosten für Anzeigen relativ teuer sind, und die Anzeigen selbst über einen längeren Zeitraum immer wieder geschaltet werden müssen, um die gewünschte Wirkung zu erzielen, ist eine gut ausgearbeitete Mediaplanung von großer Wichtigkeit.

14

CHECKLISTE

1. Logo/Firmenname, Slogan
2. Störer (z.B. „Jetzt vormerken", „Gleich bestellen")
3. Produktabbildung/Key Visual/Umsetzung Hauptbotschaft
4. Begründung des Nutzenversprechens
5. Grundnutzen als Headline, große Schrift (max. 7 Wörter)
6. ggf. Produktinfos (Preis, Bestell-Nr., Versand)
7. Bei Preisangaben §§ 1 PAngV, 5 a UWG
8. Zusatznutzen als Stich- und Schlagworte, kurze Auflistung
9. Bildnachweis/Quellenangabe
10. Bei Service-Rufnummer (Angabe der Kosten) § 1 PAngV
11. Name und Anschrift der Firma § 5 a Abs. 3 Nr. 2 UWG
12. Responsemöglichkeit (Coupon, Rückantwortkarte, Landingpage, QR-Code, Internetadresse)
13. ggf. Social Media Logos
- ggf. Auszeichnungen/Qualitätssiegel, siehe auch S. 71
- ggf. Sponsorenlogos
- ggf. Zusatzinfos als Copytext, relativ kurz gehalten
- ggf. Datum „Aktion gültig von ... bis ..."
- ggf. Datum/Ort/Zeit (bei Veranstaltungen)
- Trennung Werbung von redaktionellen Inhalten §§ 3, 4 UWG, 6 Abs. 1 Nr. 1 TMG
- Siehe Copy-Strategie und Briefing S. 64-67
- Siehe Werbung und Gesetze S. 68-71

TIPPS

- Anzeige auf ihre voraussichtliche Werbewirkung testen (Marktforschung)
- Anzeigenplatzierung im Heft links oder rechts (Text- und Grafikabstand zum Innenbund bedenken!)
- Formatgröße vorher bestimmen (1/1-, 1/4-, 1/3-Anzeige etc.)
- Ad-Special Anzeigen erhöhen die Aufmerksamkeit des Lesers
- Auswerten des Nutzerverhaltens mit Webadresse/QR-Code

„Die Zeitschrift":
„Sehr viele Leser bezeichnen das Buch als ultimatives Hilfsmittel."

NEU

GÖNÜL PASINLI
SPICKZETTEL
DAS 1X1 DER KOMMUNIKATIONSMITTEL

INTERNET · BRIEF · ANZEIGE · APP · RADIO · TV-SPOT ...

ISBN 978-3-00-037037-3, **€ 19,90 (D)**

„ICH WEIß WAS, WAS DU NICHT WEIßT…"

Einzigartiges Nachschlagewerk über Werbung und Gesetze mit
• Umfangreichen Checklisten
• Aufwendigen Bildbeispielen
• Praxisnahen Tipps

AB 01.05.2012 IM HANDEL!

MEHR GESPICKTE INFOS

Gleich hier vormerken &
VERSANDKOSTENFREI Exemplar sichern!
WWW.REINSPICKEN.DE
TEL. 0180 1 23 45*

* 14 ct/min aus dem deutschen Festnetz, höchstens 42 ct/min aus Mobilfunknetzen

reinspicken GmbH, Tippstraße 100, 79100 Trickstadt

© Fotograf · Bildagentur.com

15

FLYER
Knackig informativ!

Flyer sind Informationsblätter, die zu aktuellen Anlässen, Ankündigungen, Aktionen oder Zeitschriftenbeilagen verteilt werden. Zudem werden Flyer auch gern bei adressiertem Direktmarketing, z.B. Mailing, verwendet. Bei weniger erklärungsbedürftigen Produkten und Dienstleistungen übernehmen sie die Rolle der Preisliste oder des Informationshefts.

In großer Zahl kostengünstig hergestellt, informieren Flyer über kurzfristige Aktionen oder kommen im Vorfeld zur Hinführung von aufwendigeren Werbemaßnahmen z.B. Schulungen zum Einsatz.

Ein Flyer kann aus mehreren Seiten bestehen und auf verschiedene Weise gefalzt werden, z.B. Leporellofalz, Altarfalz etc.

CHECKLISTE

1. Grundnutzen als Headline (max. 7 Wörter, direkte Ansprache, Ausrufe, Fragen an den Leser)
2. Zusatznutzen als Subline
3. Begründung des Nutzenversprechens
4. Produktabbildung/Key Visual/Umsetzung Hauptbotschaft
5. Störer (z.B. „Jetzt vormerken", „Gleich bestellen")
6. Bei Preisangaben §§ 1 PAngV, 5 a UWG
7. Logo/Firmenname, Slogan
8. Copytexte (Produktinfos, Vorteile als Stich- und Schlagworte z.B. Bestellmöglichkeit, Konditionen)
9. Responsemöglichkeit mit Handlungsaufforderung und einem Angebot bei Bestellung (Coupon/Rückantwortkarte, Landingpage, QR-Code)
10. Bei Service-Rufnummer (Angabe der Kosten) § 1 PAngV
11. Bildnachweis/Quellenangabe
12. Name und Anschrift der Firma § 5 a Abs. 3 Nr. 2 UWG

- ggf. Illustrationen zur Darstellung der Produktvorteile
- ggf. Datum „Aktion gültig von ... bis ..."
- ggf. Datum/Ort/Zeit (bei Veranstaltungen)
- ggf. Social Media Logos
- ggf. Auszeichnungen/Qualitätssiegel, siehe auch S. 71
- ggf. Sponsorenlogos
- Siehe Copy-Strategie und Briefing S. 64-67
- Siehe Werbung und Gesetze S. 68-71

TIPPS

- Glänzendes Papier lässt die Farben erstrahlen (Effektpapiere verwenden)
- Papierempfehlung 130-350 g/m²
- Auswerten des Nutzerverhaltens mit Webadresse/QR-Code

1

SCHNELLER ALLES SELBST MERKEN!

2

Werbung und Gesetze in einem handlichen Format

3

Max Designer:
„So einfach und gut.
Einfach einzigartig."

GÖNÜL PASINLI

SPICKZETTEL

DAS 1X1 DER
KOMMUNIKATIONSMITTEL

4

INTERNET · FLYER
PLAKAT · ANZEIGE
APP · RADIO · TV-SPOT

5

01.05.2012
IM HANDEL!

NEU

6

84 Seiten mit Bildbeispielen auf jeder Seite,
148 x 210 mm, 1. Auflage 2012, reinspicken GmbH
ISBN 978-3-00-037037-3, € 19,90 (D)

Vorderseite

DAS ALLES STECKT DRIN:

Was ist SPICKZETTEL?
Schluss mit der Ansammlung von Merkzetteln und Haftnotizen! Hier kommt ein handliches einzigartiges Nachschlagewerk, das bei der Erstellung von Kommunikationsmitteln wirklich effektiv unterstützt.

8

Was kann SPICKZETTEL?
SPICKZETTEL vermittelt in leicht verständlicher Form –
anhand von Bildbeispielen, Checklisten und praxisnahen
Tipps – alle wichtigen Elemente des jeweiligen Kommunikationsmediums. Die Beispiele greifen die gängigen Probleme
und Fragen rund um das jeweilige Medium auf und ziehen
sich als roter Faden durch das ganze Buch.

17

Für wen ist SPICKZETTEL?
SPICKZETTEL richtet sich an Studenten, Quereinsteiger wie
auch Profis.

2 €
SICHERN

Gleich hier vormerken &
VERSANDKOSTENFREI Exemplar sichern!
WWW.REINSPICKEN.DE
TEL. 0180 1 23 45*

9

10

*14 ct/min aus dem deutschen Festnetz, höchstens 42 ct/min aus Mobilfunknetzen

© Fotograf - Bildagentur.com

11

MEHR GESPICKTE INFOS

reinspicken GmbH, Tippstraße 100, 79100 Trickstadt, info@reinspicken.de

Rückseite

12

BROSCHÜRE
Erzähl eine Story!

Frei von Formatvorgaben ist die Broschüre das perfekte Printmedium um mehr als nur eine bloße Werbebotschaft zu versenden. Abhängig vom Inhalt unterscheidet man zwei grundlegende Formen: Zum einen ist das die Imagebroschüre, die über Profil und Philosophie eines Unternehmens informiert, zum anderen die Produktbroschüre, die Informationen über ein Produkt transportieren soll. Broschüren fesseln ihren Leser, indem sie mit geschickt eingesetzten Texten und Bildern eine Story erzählen. Je spannender die Geschichte erzählt wird, desto größer ist der hinterlassene Eindruck, und desto besser kann die Kernbotschaft kommuniziert werden.

CHECKLISTE

Titel

1. „Story Titel" als Headline (max. 6 Wörter, interessanten Einstieg wählen)
2. ggf. ergänzende Zusatzinfo als Subline
3. Key Visual/Umsetzung Hauptbotschaft
4. Logo/Firmenname, Slogan

Einleitung

- Vorwort ggf. mit Portraitfoto
- Inhaltsverzeichnis

Hauptteil

5. ggf. Seitenzahlen (empfehlenswert ab 12 Seiten)
6. Grundnutzen als Headline ggf. mit Sublines
7. Infokästen lockern auf (z.B. Interviews, Statistiken, Zitate)
8. Copytexte (Produktangebote, Vorteile als Stich- und Schlagworte, Hervorhebungen wichtiger Begriffe)
9. Bei Preisangaben §§ 1 PAngV, 5 a UWG
10. Produktabbildung/Key Visual/Umsetzung Hauptbotschaft
11. Störer (z.B. „Jetzt vormerken", „Gleich bestellen")
12. Begründung des Nutzenversprechens
13. ggf. Kolumnentitel (im oberen Drittel)
- ggf. Kapitelseiten bei mehreren Überthemen

Schluss

- Service-Teil (Adressen, Links, Ansprechpartner)
- Name und Anschrift der Firma § 5 a Abs. 3 Nr. 2 UWG
- Impressumspflicht (Redaktion, Verlag, Autor, Bildnachweis, Quellenangabe, etc.)
- Siehe Copy-Strategie und Briefing S. 64-67
- Siehe Werbung und Gesetze S. 68-71

TIPPS

- Seitenanzahl der Broschüre muss durch 4 teilbar sein (sonst nicht druckbar)
- Stärkeres Umschlagpapier (ca. 235 g/m^2) als innen (ca. 135 g/m^2)
- Wertiges Aussehen erreichen mit Prägung, Stanzung, ausgefallenen Papiersorten etc.)
- Kaschierung des Broschüren-Umschlags, damit das Druckbild geschützt wird und keine Abriebspuren hinterlässt

Image-Broschüre

sollte folgende Themen beinhalten:

1.Unternehmen
- Kurze Beschreibung
  (Was ist und macht das Unternehmen)
- Geschichte der Firma
- Ziele
- Zertifizierungen
- Referenzen
- Veröffentlichungen
- Mitarbeiter

2.Vorstellung der Produkte
- Dienstleistungen
- Übersicht der Verkaufsartikel
  (kein Produkt-Katalog)
- ggf. Know-How
  (mit welchem Produkte realisiert werden)

Produkt-Broschüre

sollte folgende Themen beinhalten:
- Informationen über die Produkte (Nutzen)
- Abbildung der Produkte
- ggf. Besonderheit in der Herstellung
- ggf. Produkt-Designer
- Preise
- Lieferzeiten
- Bestell-Nummern
- Aktionen/Angebote/Leistungen
- ggf. Hinweistexte (AGB, Rechtliches)

FÜR BESSERWISSER

GESAMTVERZEICHNS 2012

reinspicken

1
2
3
4

5
6
7

4 | Reinspicken Gesamtverzeichnis 2012

ALLES,
WAS MAN WISSEN MUSS

GÖNÜL PASINLI
geb. 1974, studierte Grafik-Design
und Bildende Künste an der Freien
Hochschule in Freiburg. „SPICKZETTEL"
ist ihr Erstlingswerk. Sie lebt und
arbeitet in Freiburg.

INHALT
Was muss ich beachten, wenn ich ein Mailing erstelle?
Was muss ich bei einem TV Spot beachten?
Was muss ein Impressum beinhalten?

Für diese und ähnliche Fragen ist dieses komprimierte Basis-
Nachschlagewerk, das mit Hilfe von Checklisten und wertvollen Tipps
aus der Praxis, die wichtigsten Punkte zur Erstellung verschiedenster
Kommunikationsmittel zusammenfasst. Vom Briefbogen bis zur
Website werden alle wichtigen Bestandteile aufgelistet.

8

- einzigartiges Nachschlagewerk
- Checklisten und viele Tipps
- Praxis-Arbeitsbeispiele

Reinspicken Gesamtverzeichnis 2012 | 5

13
12
11
10

Zeitschrift:
„Jetzt steht alles in einem Buch, statt in dicken
Wälzern stundenlang zu recherchieren."

19,90 €

GÖNÜL PASINLI
SPICKZETTEL
DAS 1X1 DER
KOMMUNIKATIONSMITTEL

SPICKZETTEL
DAS 1X1 DER KOMMUNIKATIONSMITTEL
Von Gönül Pasinli.
84 Seiten mit Bildbeispielen auf jeder Seite,
148 x 210 mm, 1. Auflage 2012. reinspicken GmbH
ISBN 978-3-00-037037-3. € 19,90 (D)

Gleich hier vormerken &
VERSANDKOSTENFREI! Exemplar sichern!
WWW.REINSPICKEN.DE
TEL. 0761 1 13 45

8
9

MAILING
Packend wie ein Thriller!

Ein Mailing ist ein Instrument des Direktmarketings und erreicht die Zielgruppe als adressiertes oder nicht adressiertes Werbemittel. Bei der Gestaltung des Mailings sind der Kreativität kaum Grenzen gesetzt. Das Spektrum reicht vom einfachen Brief bis zur aufwendigen Verpackungsidee.

In der Regel besteht ein Mailing immer aus vier Teilen: einem Anschreiben, einer Beilage (siehe Flyer S. 16), einem Response-Element (siehe Antwortkarte S. 22) und einem Versandkuvert (siehe S. 24). Die ersten Sekunden nach Erhalt entscheiden darüber, ob der Empfänger das Mailing öffnen wird! Deshalb sollte schon das Versandkuvert interessant wirken und möglichst noch mit einem Nutzen versehen sein, damit der Empfänger neugierig wird und das Kuvert öffnet. Das Anschreiben muss schnell die Kernbotschaft transportieren und innerhalb von Sekunden zum Weiterlesen animieren. Dabei sollte es leicht lesbar und übersichtlich gestaltet sein.

Der Zweck des Mailings besteht darin, eine Reaktion bei der angeschriebenen Kundengruppe zu bewirken, sei es das Anfordern weiterer Informationsmaterialien oder das Bestellen angebotener Produkte.

CHECKLISTE

Anschreiben mit persönlicher Information

1. Name, Anschrift der Firma § 5 a Abs. 3 Nr. 2 UWG
2. Empfängeradresse
3. Genaues Datum
4. Betreff als Slogan (Benennen des Grundnutzens)
5. Persönliche Anrede
6. Nutzen hervorheben
7. Schlüsselworte verwenden (z.B. „Vorteil", „Sparen")
8. Unterschrift (Vor- und Nachnamen)
9. PS (Handlungsaufforderung oder Erinnerung)
10. Produktabbildung/Key Visual/Umsetzung der Botschaft
11. Bei Preisangaben §§ 1 PAngV, 5 a UWG
- Detaillierte Produktinfos (separat in einem Flyer)
- ggf. Datum „Aktion gültig von ... bis ..."
- ggf. Beilage (Flyer, Broschüre), Give Away (z.B. Schokolade, zum Produkt passende Geschenke)
- Siehe Copy-Strategie und Briefing S. 64-67
- Siehe Werbung und Gesetze S. 68-71

TIPPS

- Textaufbau im Flattersatz
- Kurze Sätze und Absätze
- Aktive und direkte Formulierungen
- Unterschrift in einer anderen Farbe als der Fließtext, damit sie sich abhebt
- Soll die Antwortkarte in ein Versandkuvert, Portokosten bedenken
- Antwortkarte sollte einfach abzutrennen sein
- Auswerten des Nutzerverhaltens mit Webadresse/QR-Code

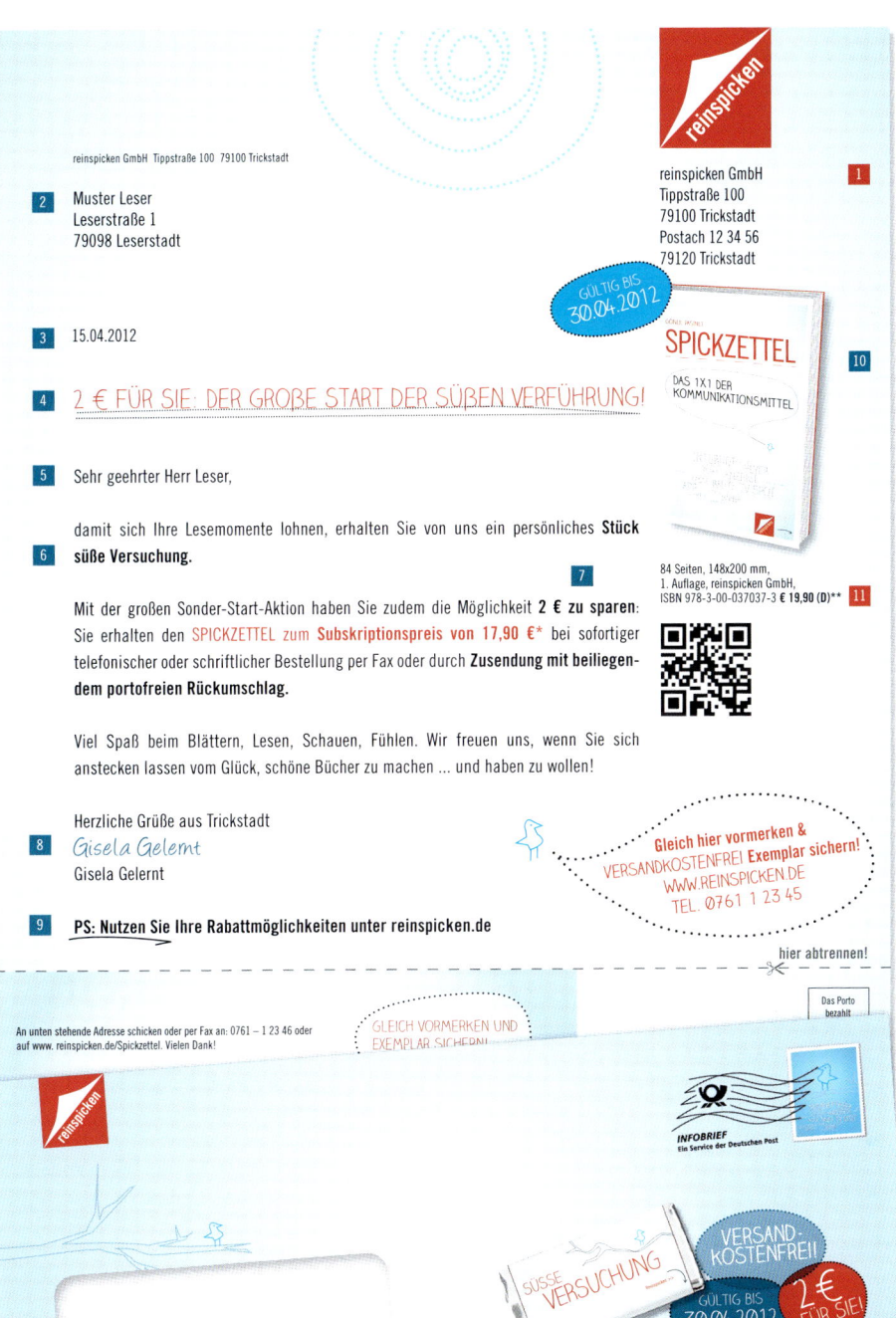

reinspicken GmbH Tippstraße 100 79100 Trickstadt

2 Muster Leser
Leserstraße 1
79098 Leserstadt

1

reinspicken GmbH
Tippstraße 100
79100 Trickstadt
Postach 12 34 56
79120 Trickstadt

GÜLTIG BIS
30.04.2012

10

SPICKZETTEL

DAS 1X1 DER
KOMMUNIKATIONSMITTEL

3 15.04.2012

4 2 € FÜR SIE: DER GROßE START DER SÜßEN VERFÜHRUNG!

5 Sehr geehrter Herr Leser,

6 damit sich Ihre Lesemomente lohnen, erhalten Sie von uns ein persönliches **Stück
süße Versuchung.**

7

84 Seiten, 148x200 mm,
1. Auflage, reinspicken GmbH,
ISBN 978-3-00-037037-3 **€ 19,90 (D)*** **11**

Mit der großen Sonder-Start-Aktion haben Sie zudem die Möglichkeit **2 € zu sparen**:
Sie erhalten den SPICKZETTEL zum **Subskriptionspreis von 17,90 €*** bei sofortiger
telefonischer oder schriftlicher Bestellung per Fax oder durch **Zusendung mit beiliegen-
dem portofreien Rückumschlag.**

Viel Spaß beim Blättern, Lesen, Schauen, Fühlen. Wir freuen uns, wenn Sie sich
anstecken lassen vom Glück, schöne Bücher zu machen ... und haben zu wollen!

Herzliche Grüße aus Trickstadt
8 *Gisela Gelernt*
Gisela Gelernt

Gleich hier vormerken &
VERSANDKOSTENFREI **Exemplar sichern!**
WWW.REINSPICKEN.DE
TEL. 0761 1 23 45

9 **PS: Nutzen Sie Ihre Rabattmöglichkeiten unter reinspicken.de**

hier abtrennen!

An unten stehende Adresse schicken oder per Fax an: 0761 – 1 23 46 oder
auf www. reinspicken.de/Spickzettel. Vielen Dank!

GLEICH VORMERKEN UND
EXEMPLAR SICHERN!

Das Porto
bezahlt

INFOBRIEF
Ein Service der Deutschen Post

SÜSSE VERSUCHUNG

VERSAND-
KOSTENFREI!

GÜLTIG BIS
30.04.2012

2 €
FÜR SIE!

ANTWORTKARTE
Postwendend!

Die Antwortkarte kann als Teil eines Mailings den Responseteil darstellen. Sie kann aber auch als kostengünstiges Postkarten-Mailing versendet werden. Hinsichtlich des Adressaten gelten hier die gleichen Regeln wie im Kapitel „Mailing" beschrieben.

Als Werbeträger findet man die Antwortkarte oft in Displays zwischen anderen Postkarten als sog. Freecards (unversandte Karten zum Mitnehmen an öffentlichen Orten). Ein großer Vorteil der Antwortkarte ist, dass sie nicht erst vom Kunden geöffnet werden muss sowie die kostengünstige Produktion. Allerdings stehen den günstigen Enstehungskosten eine sehr begrenzte Werbe- und Ansprachefläche gegenüber

CHECKLISTE

1. Gebührenfreie Antwortkarte (erhöht Responsequote)
2. Grundnutzen und Aufforderung im Störer (z.B. „Jetzt vormerken", „Gleich bestellen")
3. Antwortmöglichkeit per Telefon-Nr., Fax, E-Mail, Internet
4. Absender-/Empfängeradresse ist bereits ausgefüllt
5. Für Lückentexte genügend Platz lassen
6. Hinweis, was der Kunde für die Antwort erhält (Geschenk, Rabatt, etc.)
7. Hinweis auf Zahlungs- und Geschäftsbedingungen (spätestens bei Übersendung der Ware oder per E-Mail mit der Bestellbestätigung) § 5a Abs. 3 UWG
8. Logo/Firmenname, Slogan
- Versandbestimmungen beachten
- Siehe Werbung und Gesetze S. 68-71

TIPPS

- Karte sollte faxbar sein (Papiergewicht max. 160g/m^2, auf dezente Farbflächen achten)
- Keine Postkarte im Hochformat verwenden
- Unter AutomationsfaehigeBriefe@Deutschepost.de können die Daten auf Versandfähigkeit überprüft werden
- Adresse und Bestellmöglichkeit auf dieselbe Seite platzieren, da in der Regel nur eine Seite gefaxt wird

GESTATTEN
DR. SPICKER!

DIN Lang 105 x 210 mm (Maßangaben in mm)

74

Absenderzone

An unten stehende Adresse schicken oder per Fax an: 0761 – 1 23 46
oder auf reinspicken.de/Spickzettel. Vielen Dank!

Frankierzone

1 · Das Porto bezahlt Dr. Spicker · 17

2

15

40

2 · GLEICH VORMERKEN UND EXEMPLAR SICHERN!

Muster Leser
Leserstraße 1
79098 Leserstadt

GÜLTIG BIS 30.04.2012

2 € SPAREN!

ICH BIN DEIN SPICKZETTEL
DAS 1X1 DER KOMMUNIKATIONSMITTEL

6,5

5

ICH BESTELLE HIERMIT 1 EXEMPLAR(E) DES
„SPICKZETTELS" (VERSANDKOSTENFREI) FÜR 17,90 €*
ERSCHEINUNGSDATUM: 01.05.2012, DANACH 19,90 €**

Deutsche Post ✉
WERBEANTWORT
Lesezone

4

3

Trennstrich: mind. 50 mm lang und 1,2 mm breit

* Alle Preise inkl. der gesetzlichen MwSt. von 7 %, versandkostenfrei. Angebot gilt bis zum 31.04.2012.
** Normalpreis nach Erscheinen am 01.05.2012, inkl. der gesetzlichen MwSt. von 7 %

reinspicken GmbH
- SPICKZETTEL -
Tippstraße 100
79100 Trickstadt

4

23

Es gelten die Zahlungs- und Geschäftsbedingungen, www.reinspicken.de, auch bezüglich des
Rückgaberechts und der Versandkosten. reinspicken GmbH, Tippstraße 100, 79100 Trickstadt,
Registergericht: Amtsgericht Trickstadt, HRB 12345, Aufsichtsratsvorsitzender: Dr. Klaus Spicker,
Geschäftsführer: Heinrich Schummler

8

7

Codierzone

15

40

3
4
6
7

Bitte nicht bedrucken   Frei gestaltbare Fläche   Keine Gestaltung

VORGABEN DEUTSCHE POST

1 Rahmen der „Briefmarke"
- Rahmenstärke 0,4-1,5 mm
- Schwarz oder dunkelfarbig
- Linien gerade und rechtwinklig

2 Text im Bereich „Briefmarke"
- Text zentriert und horizontal
- Text mind. 8,5pt Schriftgröße
- Text 2-4 zeilig
- Text darf Rahmen nicht berühren
- Text muss schwarz oder dunkelfarbig sein
- Hintergrund weiss oder einfarbig pastellfarben

3 Postmatrixcode (Absenderdaten und Porto sind darin erkennbar)
Größe zwischen 11,4-15,7 mm Breite und 9,3-13,5 mm Höhe
nähere Details beim Kundenberater der Deutschen Post

4 Schriftzug „Deutsche Post WERBEANTWORT" (inkl. Posthorn)
für werbliche Antwortbriefe herunterladen unter
deutschepost.de

Flächengewichte Postkarten (Sendungen im Kartenformat)
Mindestgewicht:
- 150 g/m^2 (bis Format C6)
- 170 g/m^2 (bis DIN lang)
- 200 g/m^2 (DIN lang bis zum Höchstformat von
  Standardsendungen)
Höchstgewicht:
- 500 g/m^2 (alle Formate)
- Din lang mind. 170 g/m^2

Weitere Details und mehr Informationen unter deutschepost.de/werbeantwort

VERSANDKUVERT
Schon gesichtet?

Für die Versendung eines Briefes innerhalb Deutschlands gibt es verschiedene Versandanbieter. Jeder Anbieter hat seine eigenen Richtlinien, Besonderheiten, Entgelte und Zusatzleistungen die zu beachten sind.

Umsetzungen besonderer Art sind möglich, z.B. kreative Formate oder eine komplett ganzflächige Gestaltung eines Umschlags. Hierzu sind Nachfragen beim jeweiligen Anbieter ratsam.

CHECKLISTE

Vorderseite
1. Logo/Firmenname, Slogan
2. Empfängeradresse
3. Produktabbildung/Key Visual/Geschenkabbildung
4. Störer (Vorteilsversprechen „15 € geschenkt!")

Rückseite
- Logo/Firmenname, Slogan
- Störer („Gleich öffnen")
- ggf. Internet-/Serviceadresse
- ggf. QR-Code
- Versandbestimmungen beachten

TIPPS

- Sondermarken sind einzigartig
- Farbige oder transparente Umschläge fallen auf
- Unter AutomationsfaehigeBriefe@Deutschepost.de können Vorlagen/Entwürfe überprüft werden
- Handschriftliche Adressaufkleber wirken persönlicher
- Unzustellbare Sendungen können durch die Nutzung des Services PREMIUM-ADRESS der Deutschen Post an den Absender übertragen werden

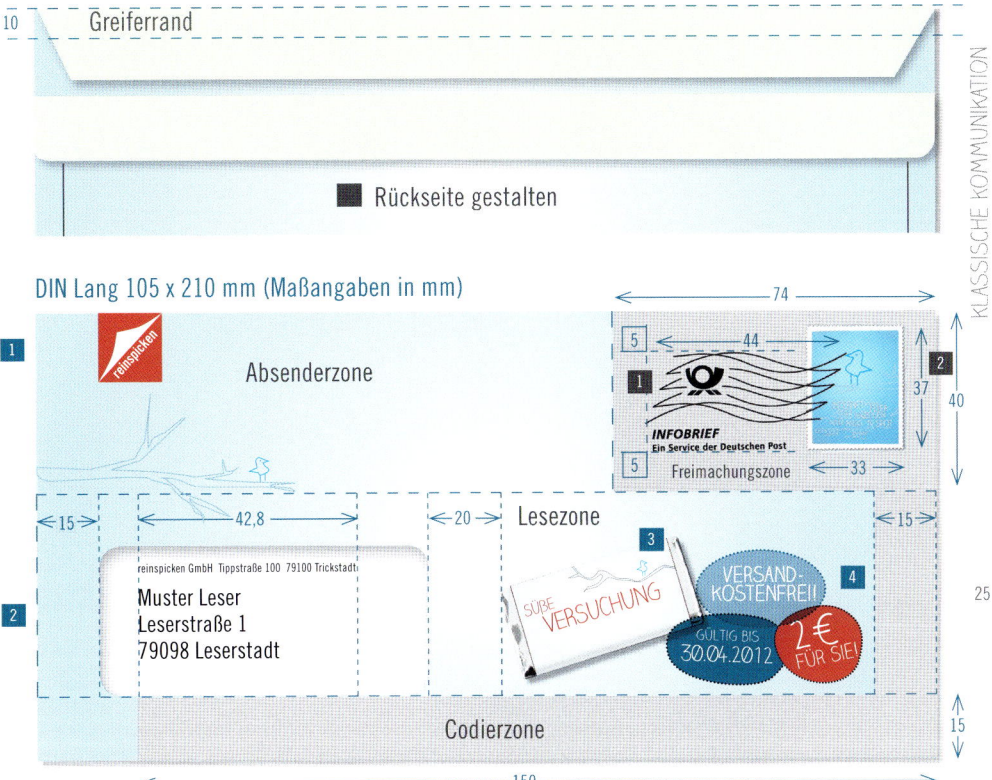

Greiferrand

◼ Rückseite gestalten

DIN Lang 105 x 210 mm (Maßangaben in mm)

Absenderzone

74

5 44

1 **2**

37 40

INFOBRIEF
Ein Service der Deutschen Post

5 Freimachungszone 33

15 42,8 20 Lesezone 15

reinspicken GmbH Tippstraße 100 79100 Trickstadt

Muster Leser
Leserstraße 1
79098 Leserstadt

3

SÜSSE VERSUCHUNG

VERSAND-KOSTENFREI!

4

GÜLTIG BIS 30.04.2012

2€ FÜR SIE!

25

Codierzone

15

150

VORGABEN DEUTSCHE POST

▦ Bitte nicht bedrucken   ▢ Frei gestaltbare Fläche   ◼ Keine Gestaltung

1 Frankierwelle „Infopost"
- Frankierwelle muss das Kundenmotiv überlappen, max. Überlappung 8 mm, die Schutzzone ringsherum 5 mm
- Anbringung oben rechte Ecke
- Negativdruck ist nicht möglich
- Download unter deutschepost.de/frankiervermerk

2 Individuelles Motiv
- Die Briefmarke kann vom Kunden individuell gestaltet und hochgeladen werden (deutschepost.de/frankiervermerk)
- Größe: mind. 25 x 21,3 mm und max. 33 x 37 mm

▦ Inhaltsgleichheit der Sendungen
Bei Infopost oder Infobriefe müssen die Inhalte gleich sein bezüglich:
- Anzahl der Beschaffenheit
- Gestaltung der Umhüllung und im Format
- Anzahl und der Werte der verwendeten Postwertzeichen (nur in Verbindung mit Absenderstempelung und Frankierservice)

◼ Adressierung und Versendung von Infopost/Infobrief
- Schriftliche Mitteilungen und Unterlagen (z.B. Angebote)
- Datenträger (z.B. CDs oder DVD)
- Bücher, Broschüren, Zeitungen, Zeitschriften
- Kataloge

◼ Beigefügt werden können:
- Gratisproben, -muster und -werbeartikel
- Fremdbeilagen (Sendungsteile anderer Absender)

◼ Versandhülle
- Keine Kunststoff- oder durchsichtigen Umhüllungen
- Stark auftragende Verschlüsse sind nicht erlaubt
- Löcher oder Ausstanzungen sind unzulässig
- Pastellige Töne erlaubt

◼ Umschlagrückseite
- Nicht schwarz
- Ohne Adressblockangaben

Weitere Details und mehr Informationen unter www.infopost.de

PREISAUSSCHREIBEN/GEWINNSPIEL
Wer will, wer will, wer hat noch nicht?

Preisausschreiben und Gewinnspiele sind für Unternehmen ein adäquates Mittel, um die Aufmerksamkeit eines mehr oder weniger klar umrissenen Publikums auf sein Unternehmen sowie seine Produkte und Dienstleistungen zu ziehen. Dabei sind allerdings ein paar Spielregeln zu beachten, §§ 3, 4 ff. UWG. So kann die ganze Veranstaltung wettbewerbswidrig werden, wenn mögliche Interessenten, beispielsweise aus moralischen Gründen oder aus einem Gefühl der Dankbarkeit heraus, zum Kauf im Affekt animiert werden. Dass dabei niemand hinsichtlich der Gewinnchancen oder dem Wert der angebotenen Preisgewinne hinters Licht geführt werden darf, versteht sich von selbst.

Bei der Ausrichtung von Gewinnspielen muss eindeutig, klar und transparent über die Teilnahmebedingungen informiert werden. Bei Online-Gewinnspielen können die Teilnahmeinformationen unter einem entsprechenden Link angezeigt werden.

CHECKLISTE

1. Störer mit Gewinnspielhinweis
2. Gewinnfrage und Lösungsvorschläge
3. Darstellung der Infos zum Gewinn (Elektronik, Reisen, Autos, Bargeld, Beratung, Bücher, etc.)
4. Logo/Firmenname, Slogan
5. Key Visual/Produktabbildung/Umsetzung Hauptbotschaft
6. Zeilen für Absenderanschrift/Empfängeradresse bereits ausfüllen
7. Teilnahmezeitraum, Einsendeschluss und Termin für die Gewinnverteilung
8. Wer darf teilnehmen? Veranstalter des Gewinnspiels und Funktionsweise des Gewinnspiels, z.B. wie wird der Gewinner bestimmt und benachrichtigt
9. Angabe ungewöhnlicher Bedingungen (Altersbeschränkungen, Einwilligung in Weiterverwendung der Teilnehmerdaten)
10. Hinweis, dass weder Kauf noch Freigabe der Adresse zu Werbezwecken die Gewinnchancen beeinflussen
11. Hinweis „Der Rechtsweg ist ausgeschlossen"
- Teilnahme muss unentgeltlich sein
- Ziehung des Gewinners nach Zufallsprinzip
- Alle Angaben klar, deutlich, verständlich
- Ankreuzmöglichkeit zur Verweigerung (soll die Adresse des Teilnehmers zu Werbezwecken verwendet werden)
- Siehe Werbung und Gesetze S. 72-73
- Versandbestimmungen Antwortkarte, S. 22

TIPPS

- Mit den gewonnenen Adressen per Mailing/Newsletter das Unternehmen und die Produkte nahebringen (nur wenn eine gültige Zustimmung der Teilnehmer vorliegt, S. 54, 72)
- Keine Billigware als Gewinn verlosen (lockt nicht an)
- Einen Blog und soziale Netzwerke einrichten (Traffic generieren, d.h. mehr Kundenzulauf)
- Möglichkeit der Online-Teilnahme anbieten (QR-Code)
- Gewinnspielteilnahme auf Facebook anbieten (je nach Zielgruppe)

1

GEWINNSPIEL

JETZT MITMACHEN
10 x „SPICKER T-SHIRTS"
GEWINNEN!

2

Folgende Frage beantworten:

GIBT ES GESETZLICHE VORGABEN BEI EINEM GESCHÄFTSBRIEF?

(JA) ODER (NEIN)

Einfach Postkarte abtrennen, ausfüllen und abschicken!

3

DIE GEWINNER WERDEN UNTER DEN RICHTIGEN EINSENDUNGEN PER LOS ERMITTELT.
EINSENDESCHLUSS 10.06.2012

reinspicken GmbH, Tippstraße 100, 79100 Trickstadt, info@reinspicken.de

4

27

5

Vorderseite

6

Name, Vorname

Straße, Hausnummer

PLZ, Ort

Farbe wählen (rot oder blau)   Konfektionsgröße

7 EINSENDESCHLUSS: 10. JUNI 2012

8
9
10
11

Teilnahmebedingungen: Teilnahmeberechtigt am Gewinnspiel der reinspicken GmbH, Freiburg sind Personen ab 18 Jahren mit Hauptwohnsitz in Deutschland. Die Gewinner werden unter den richtigen Einsendungen per Los ermittelt. Die eingesandten Daten werden ausschließlich zur Abwicklung des Gewinnspiels verwendet. Der Kauf beeinflusst nicht die Gewinnchancen. Pro Tag und Haushalt ist nur eine Gewinnteilnahme möglich. Der Rechtsweg ist ausgeschlossen. Einsendeschluss ist der 10.06.2012

Nicht frankieren
Antwort

Deutsche Post
WERBEANTWORT

reinspicken GmbH
- Geschäftsbrief Gewinnspiel -
Tippstraße 100
79100 Trickstadt

Zu gewinnen:
10 X SPICKER T-SHIRTS

Lust auf belesene Freizeitklamotten? Dann gewinnen Sie reinspicken T-Shirts für den Alltag, Urlaub oder als Geschenk für Freunde!

Die T-Shirts sind aus 100 % Baumwolle. Der Rundhalskragen ist sehr elastisch und liegt angenehm an. Die T-Shirts sind aus feiner, ringgesponnener Baumwolle. Die Motive sind im Siebdruck bedruckt.

Mehr Informationen unter reinspicken.de

GEWINNSPIELTEILNAHME AUCH ONLINE MÖGLICH

4

Rückseite

6

PLAKAT
Klar und deutlich!

Völlig gleich, ob es sich um ein schnell an die Wand geklebtes A3 Blatt, oder um eine übergroße Bekanntmachung in der Lightbox handelt, Plakate müssen sich schnell in ihrer Aussage erfassen lassen, denn sie werden meist nur für Sekunden wahrgenommen. Ob man nun mit dem Auto an ihnen vorbeifährt oder sie zum Beispiel auf dem Weg zum Bahnhof im Vorbeigehen ansieht, ihre Botschaft muss sich vor allem schnell vermitteln. Deshalb muss die Gestaltung präzise auf die Zielgruppe zugeschnitten, der Text kurz und die Aussage klar und prägnant sein.

Nichts ist schlimmer als eine Mitteilung, die einem mehr Rätsel aufgibt als sie Informationen liefert. Daher heißt die Devise: „In der Kürze liegt die Würze!". Der Einsatz von Farben, Schriften und Schriftgrößen ist entscheidend. Ein sparsamer Umgang mit Bild- und Textelementen ist ratsam.

Plakate haben zwei Wirkungskreise: Zunächst soll die Fernwirkung das Interesse des Passanten wecken. Ist das gelungen, soll der Betrachter im Nahbereich alle wichtigen Informationen erfahren. Das funktioniert natürlich nur dann, wenn der Leser auch tatsächlich näher kommen kann, was oft nicht der Fall ist. Daher sollte z.B. bei Plakaten am Straßenrand schon alles beim kurzen Hinsehen gesagt und gezeigt sein.

CHECKLISTE

1. Grundnutzen als Headline, große Schrift (max. 5 Wörter)
2. Störer (z.B. „Jetzt vormerken", „Gleich bestellen")
3. Produktabbildung/Umsetzung Hauptbotschaft groß und mittig
4. Verwendung starker Kontraste
5. ggf. Social Media Logos im unteren Drittel
6. Bildnachweis/Quellenangabe
7. Logo, Slogan
8. Internetadresse
- ggf. Begründung des Nutzenversprechens
- ggf. Verwendung von Gesichtern in direktem Zusammenhang mit Produkt und Unternehmen
- Datum bei Veranstaltungen z.B. 20.01., 20 Uhr, Freiburg (Monat und Wochentag nicht ausschreiben)
- Telefon-Nr. für Tickethotline und Ausgabestellen
- ggf. Sponsorenlogos im unteren Drittel
- ggf. Auszeichnungen/Qualitätssiegel, siehe auch S. 71
- Siehe Copy-Strategie und Briefing S. 64-67
- Siehe Werbung und Gesetze S. 68-71

TIPPS

- Plakateinsatz klären: Innen- oder Außenbereich (Gestaltung je nach Entfernung)
- Auswerten des Nutzerverhaltens mit Webadresse/QR-Code

TV-SPOT
Und Klappe!

Ein TV-Spot ist das unterhaltungsstärkste Medium, welches das Publikum in Sekunden für sich einnehmen kann. Es spielt keine Rolle, ob es sich dabei um einen Werbespot für Kinder, Männer oder Frauen handelt – der Verbraucher schenkt der Werbung allergrößte Beachtung.

Vor einem TV-Spot Dreh sollte die Idee in einem sog. Storyboard visualisiert werden. In der gezeichneten Version des Konzeptes werden die Einstellungen des Films, Perspektiven, Blickwinkel etc. festgehalten.

Mittels Bild-Text-Kombinationen können Dramaturgie, Unterhaltung und Humor gesteigert werden, was dazu beiträgt das Produkt dem Zuschauer näher zu bringen. Zusätzlich wird durch Einsatz von Musik- und Toneffekten eine spannungs- oder stimmungsvolle Atmosphäre geschaffen.

CHECKLISTE

Aufbau

1. Logo/Firmenname, evtl. Slogan von Anfang an zeigen (Zuschauer kann das Produkt besser mit dem Unternehmen verbinden)
2. Grundnutzen als Headline und in der Bilderfolge
3. Abschluss bildet Slogan, Logo, Jingle, Produktabbildung
4. ggf. Responsemöglichkeit (Einblendungsdauer der Telefon-Nr., Internetadresse)
- Begründung des Nutzenversprechens
- ggf. einen Sprecher im Hintergrund
5. ggf. Social Media Logos

Allgemeines

- Dramaturgie am Anfang ist wichtig: Aufmerksamkeit erzeugen durch Ton, Musik, Geräusche, außergewöhnliche Bilderfolge und Kameraführung
- Spotlänge (30 sec. in der Regel)
- Musiklizenzen bei der Gema einholen
- Auswahl der Location, Schauspieler, Models
- Filmtechnik festlegen (Zeichentrick-, Realfilm, etc.)
- Werbeformat festlegen (Dauerwerbesendung, Splitscreen, etc.)
- Richtige Auswahl der Sendezeit
- Siehe Copy-Strategie und Briefing S. 64-67
- Siehe Werbung und Gesetze S. 68-71

TIPPS

- Bei telefonischer Responsemöglichkeit sollte für die Entgegennahme der Zuschaueranrufe ausreichend Personal vorhanden sein
- Für die Spotproduktion Zeit einplanen
- Nur eine Verkaufsidee pro Spot
- Einfache Telefon-Nr. auswählen (merkfähiger)

Kunde: reinspicken GmbH
Produkt: Spickzettel
Titel: Hilfestellung

30 Sekunden
15.06.2012

VIDEO

AUDIO

1. Totale Eine heiße Liebesnacht. Mann und Frau liegen im Bett. Sie kichert. Sie küssen sich unter der Bettdecke.

1. Schmuseballade läuft im Hintergrund.

2. Close-up Plötzlich! Er hat eine Idee. Er rennt aus dem Schlafzimmer ...

2. Leises Kichern, Wispern.

3. Halbtotale ... und geht zum Bücherregal. Man sieht ihn nackt von hinten.

3. Schwere Schritte

4. Close-up Frau kichert und fragt sich leise, was er denn vorhat.

4. Gekicher. Frauenstimme leise: „Was hat er denn nun vor?"

31

5. Zoom Er greift direkt zum Kamasutra, als er neben dran den „SPICKZETTEL" sieht.

6. Close-up Er blättert die ersten Seiten und findet es sehr interessant.

6. Rascheln von Papierseiten

7. Halbtotale Er macht die Tischlampe an, schmökert im Buch und vergisst dabei die Frau im Bett.

8. Halbtotale Frau im Bett ist bereits eingeschlafen.

9. Einblendung des Titels: „SPICKZETTEL" *Einblendung* die Headline: „Hilfestellung für Kreative." *Einblendung* Internetadresse: reinspicken.de/ gewinnspiel

Verkürzte Darstellung des Storyboards.

RADIO-SPOT
Hier gibt's was auf die Ohren!

Radio ist ein schnelles und aktuelles Medium. Es wird den ganzen Tag über gehört, im Büro, in der Küche und im Auto. Radio-Spots werden auch nicht wie beim Fernsehen einfach weggezappt. Deshalb ist Werbung im Radio so erfolgreich. Eine gute Story, mit der richtigen Stimme erzählt und vielleicht noch etwas Musik dazu, kann demnach jeden TV-Spot in den Schatten stellen. Ähnlich wie beim Lesen entstehen die Bilder zum Spot im Kopf des Zuhörers und bleiben haften.

Egal, mit welcher Aktion ein Radio-Spot gestaltet wird, ob es ein Sonderangebot oder ein neues Produkt ist, man kann alles schnell und günstig bekanntmachen. Alles was im Radio läuft, kann man sich besser und einfacher merken.

CHECKLISTE

Aufbau

1. Dramaturgie am Anfang: überraschende Musik-, Geräusch- oder Gesangfolge)
2. Dialoge statt Monologe machen einen Spot menschlicher
3. Nutzen herausstellen
4. Abschluss bildet der Firmenname/Produktname
5. ggf. Response-Möglichkeit (einfache Telefon-Nr. auswählen, Telefon-Nr. mehrmals wiederholen, Internetadresse)

- Hintergrundgeräusche wirken interessanter (z.B. Verkehr, Natur, Musik etc.)
- Direkte Ansprache: Empfänger klar, verständlich und persönlich ansprechen
- Musik sollte ein Ohrwurm sein/werden (Jingle, Melodie, Gesang)
- Bildliche/emotionale Sprache verwenden
- Angemessenes Sprechtempo
- Stimmen sollten angenehm, anregend, natürlich oder außergewöhnlich sein

Allgemeines

- Musiklizenzen bei der Gema einholen
- Radiotechnik festlegen (Testimonial-, Slice-of-Life- oder Dialog-Spot etc.)
- Spotlänge (30 sec. in der Regel)
- Tageszeit für die Sendung bestimmen
- Siehe Copy-Strategie und Briefing S. 64-67
- Siehe Werbung und Gesetze S. 68-71

TIPPS

- Für eine gute Merkfähigkeit Spot mehrmals schalten/wiederholen
- Humor steigert die Werbewirkung
- Radio funktioniert schnell und aktuell: kurzfristig vor dem Einkaufsakt einsetzen

1 *Hintergrundgeräusch:*
Telefonklingeln und Schreibgeräusche aus einem Büroraum.
Gehirn: „Hey Auge haste schon gesehen?
Auge: „Ne Gehirn, was denn?"
Gehirn: „Das Buch „Spickzettel" kommt bald in
den Handel, ein tolles Merkbuch für Werbung, **3**
Design & Marketing!"
Auge: „Konnte bisher noch keinen Blick darauf werfen,
kannst du da rankommen?"
Gehirn: „Klar, besorg ich dir!"
Gehirn spricht mit linker und rechter Hand: „Hey Hände,
gebt mal ein www.reinspicken.de".
Sprecher: „SPICKZETTEL - Das 1x1 der **4**
Kommunikationsmittel. Macht das Leben für Sie leichter.
Ab 01.05.2012 im Handel oder
5 *unter www.reinspicken.de".*

2

33

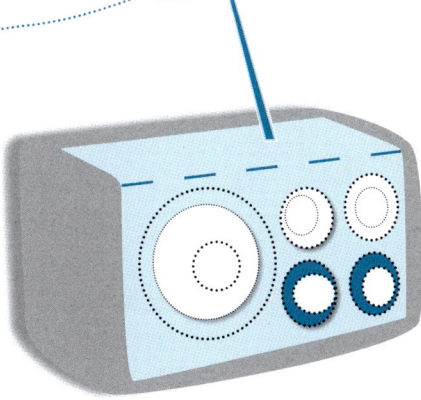

PRESSEMITTEILUNG
Hört, hört!

Pressemitteilungen sind ein wichtiger Bestandteil der Öffentlichkeitsarbeit und bieten die Möglichkeit, relevante Informationen über Produkte und Unternehmen gezielt zu verbreiten. Das Ziel einer Pressemitteilung ist es, Journalisten bzw. Redakteure auf das Unternehmen aufmerksam zu machen und ihr Interesse zu wecken. Ist die Pressemitteilung neutral, interessant und inhaltlich vollständig formuliert, wird sie gern von Journalisten aufgenommen und in einen Artikel eingearbeitet. So werden Meldungen zu Produkten, Sonderaktionen, Standortwechsel, Neueröffnungen etc. in Zeitungen und Magazinen veröffentlicht.

CHECKLISTE

Aufbau

1. Absender-Briefkopf
2. Anlass sollte aktuelles Thema sein
3. Hyperlinks einbauen für Klickauswertung und der Kunde findet direkt zum angebotenen Produkt (zur Landingpage)
4. ggf. Produktabbildung
5. Prägnante Headline (1-2 zeilig) Worum geht es? Wer? Wo?
6. Ort, Datum ausschreiben
7. Eigene Zitate lockern auf (jedoch nicht als 1. Satz)
8. Gesamtanschläge angeben (Wörter- und Zeichenangaben)
9. Allgemeine Infos zum Unternehmen am Ende
10. Kontaktadresse (Name, Adresse, Telefon-Nr., Fax, E-Mail, Internetadresse)
☐ ggf. Zwischenüberschrift (unterstützt die Sachbotschaft)

Sprache

☐ Neutral schreiben (nicht „Ich, Wir oder man"-Form)
☐ Wichtigsten Infos/Nutzen im 1. Absatz erwähnen (W-Fragen), Hintergrund- und Zusatzinfos am Ende
☐ Sachliche Informationen: Daten, Fakten, Quellen
☐ Klare Textstruktur, einfache Formulierung (Absätze, Zwischenüberschriften, Schriftgröße)
☐ Wenig Hervorhebungen (fett, kursiv)
☐ Für Suchmaschinenoptimierung: Überschrift und 1. Absatz (ca. 160 Zeichen) mit Keywords belegen

Versand

☐ Zielmedium bestimmen (Fachpresse, Tagespresse, etc.)
☐ PR-Mitteilung über die eigene Internetseite zum Download anbieten
☐ Mail im Textformat schicken (nicht HTML-Format)
☐ Siehe Copy-Strategie und Briefing S. 64-67
☐ Siehe Werbung und Gesetze S. 68-71

TIPPS

- Kundengewinnung (z.B. Link zu einem Gewinnspiel)
- Redaktion zusätzliches Bild- und Grafikmaterial anbieten
- PR-Mitteilungen regelmäßig versenden (bleibt im Hinterkopf)
- Rechtzeitig vor Redaktionsschluss verschicken (Vorankündigungen in Absprache mit der Redaktion)
- Nicht länger als 1-3 DIN A4 Seiten
- Rückseite freilassen
- Verteiler aufbauen (mit Telefon-Nr., Fax, Adresse, Name von Tageszeitungen, Wochenblätter etc.
- Nachfassen bei Journalisten/ Redakteuren um Interesse zu signalisieren

Pressemitteilung

Buch-Neuerscheinung
**„SPICKZETTEL - Das 1x1 der Kommunikationsmittel
für Werbung, Design & Marketing"**
22. April 2012, Freiburg

Alle Informationen auch im Internet unter
www.reinspicken.de

Das ultimative Hilfsmittel in der Werbung

Freiburg, 22. April 2012 – Die Grafik-Designerin Gönül Pasinli hat mit ihrem Buch „SPICKZETTEL - Das 1x1 der Kommunikationsmittel" ein umfangreiches und nützliches Nachschlagewerk über die wichtigsten Kommunikationsmittel in der Werbe- und Marketingbranche veröffentlicht.

„Als Gestalter bzw. Dienstleister für visuelle Kommunikation ist es wichtig den Kunden umfangreich zu beraten. Das meine ich nicht nur hinsichtlich der kreativen Arbeit, sondern auch bezüglich der Einhaltung stilistischer und gesetzlicher Vorgaben. Für mich ist SPICKZETTEL ein Hilfsmittel um grobe Fehler zu vermeiden," erklärt Gönül Pasinli.

„SPICKZETTEL" vermittelt in leicht verständlicher Form – anhand von Bildbeispielen, Checklisten und praxisnahen Tipps – alle wichtigen Elemente des jeweiligen Kommunikationsmediums. Die Beispiele greifen gängige Probleme und Fragen rund um das jeweilige Medium auf und ziehen sich als roter Faden durch das ganze Buch.

Herausgegeben wird das handliche Buch von „reinspicken GmbH". Ab 01. Mai 2012 ist „SPICKZETTEL" zu einem Preis von 19,90 € im Handel und online unter www.reinspicken.de erhältlich.

Daten zum Buch
„SPICKZETTEL - Das 1x1 der Kommunikationsmittel
für Werbung, Design & Marketing"
84 Seiten mit Bildbeispielen auf jeder Seite,
148 x 210 mm, 1. Auflage 2012, reinspicken GmbH
ISBN 978-3-00-037037-3, **€ 19,90 (D)**

164 Wörter, 1223 Zeichen

Unternehmensprofil:
Reinspicken GmbH ist eine 2012 gegründete, inhabergeführte Verlagsagentur in Freiburg. Das 5-köpfige Team realisiert und vertreibt zahlreiche Fachbücher im Bereich Grafik-Design und Marketing. Gönül Pasinli, geschäftsführende Gesellschafterin ist seit über 10 Jahren als Kommunikationsdesignerin in zahlreichen Agenturen tätig. Sie erhielt für ihre Arbeiten verschiedene Auszeichnungen.

Ansprechpartner:
Dr. Klaus Spicker (Pressesprecher) Tel. 0761 1 23 45-2540
Tippstraße 100, 79100 Trickstadt
Fax 0761 1 23 46 spicker@reinspicken.de

reinspicken.de

FIRMENSCHILD
Die Visitenkarte für die Hauswand!

Das Firmenschild ist die erste Wegmarke und der Beginn eines möglicherweise weiterführenden Leitsystems, dem ein potenzieller Neukunde oder ein Bestandskunde bei einem Besuch des Unternehmens begegnet.

Es unterrichtet kurz und übersichtlich darüber, mit wem man es zu tun hat, und kann mittels Farbe, Form und Material spielerisch über das Tätigkeitsfeld des Unternehmens informieren. Bei bestimmten Berufszweigen, z.B. Ärzten, Steuerberatern und Rechtsanwälten sind die besonderen gesetzlichen Vorgaben zu beachten, die auf das Verhältnis von informativer Kommunikation und plakativer Werbung verweisen, § 27 MBO, § 17 MBO, § 43 b BRAO, § 57 a StBerG.

Mit dem Firmenschild bietet sich einem Unternehmen die Möglichkeit, sich vorzustellen und dabei langfristig einen professionellen Eindruck zu hinterlassen.

CHECKLISTE

1. Logo/Firmenname, Slogan
2. Telefon-Nr., Fax, E-Mail, Internetseite
- ggf. Tätigkeitsfeld/Schwerpunkte (stichwortartig, aussagekräftig)
- ggf. Vor- und Nachname des Inhabers
- ggf. Öffnungszeiten (Termine nach Vereinbarung, Stockwerk)
- ggf. Wegbeschreibung (falls das Schild nicht direkt am Eingang angebracht wird, sind Hinweise hilfreich wie „Eingang um die Ecke" oder „2. Stock rechts")
- ggf. Zertifizierungen, Mitgliedschaften, Partnerschaften
- ggf. QR-Code
- **Praxisschild**: Name, (Fach-)Arztbezeichnung, Sprechzeiten, ggf. die Zugehörigkeit zu einer Berufsausübungsgemeinschaft, § 18 a MBO
- **Kanzleischild**: Name der Kanzlei, Namen der Kanzleiinhaber, Namen der Gesellschafter, § 43 b BRAO
- Siehe Copy-Strategie und Briefing S. 64-67
- Siehe Werbung und Gesetze S. 68-71

TIPPS
- Anfragen beim Vermieter/Bau- und Wohnungsamt bezüglich Größe und Anbringung des Schildes
- Wetterfestes Material verwenden, Empfehlung: Alu-Verbundplatte (Beratung bei Werbetechniker holen)
- Nicht zu viele Details, wirken ablenkend

KFZ-BESCHRIFTUNG
Augenblick mal!

Mit der Werbung auf Fahrzeugen werden Botschaften mobil. Die Werbung auf dem Firmenwagen ist immer dort, wo Mitarbeiter unterwegs sind. Auf öffentlichen Verkehrsmitteln angebracht, ist die Werbung in der ganzen Region präsent. Nutzt man den Vorteil einer Werbetafel auf Achse, ist die Botschaft an vielen Orten zu sehen.

Durch die Auswahl bestimmter Buslinien oder Fahrtrouten der Stadtbahnen präsentiert sich die rollende Werbebotschaft ganz gezielt in ausgesuchten Regionen.

Mit gut durchdachten Werbeaufdrucken lassen sich nicht nur potenzielle Kunden ansprechen, sondern auch ein bleibendes Image vermitteln. Kfz-Beschriftung ist ein wirksames Werbemittel, um ein breites Publikum zu erreichen.

38

CHECKLISTE

1. ggf. Key Visual/Produktabbildung
2. Internetadresse
3. ggf. QR-Code
4. Logo/Firmenname
5. ggf. Headline (max. 5 Wörter)
6. ggf. Telefon-Nr. (am besten ohne Vorwahl, besser zu merken)
7. ggf. Preis (vorausgesetzt der Preis für eine Dienstleistung/ Produkt ist unschlagbar gut)
8. ggf. Slogan
9. ggf. Anschrift (wenn der Straßenname einprägsam ist)

TIPPS

- Daten in Illustrator anlegen und vektorisiert zum Druck geben
- Bei der Gestaltung die Eigenheiten des Fahrzeugs beachten
- Für Präsentations- und Layoutzwecke gibt es CDs mit vielen Original-Kfz-Grafiken im Maßstab
- Gegen die tägliche Verwitterung: Farbechte und UV-beständige Folie verwenden (Werbetechniker fragen)

WERBEARTIKEL
Vergiss mein nicht!

Werbeartikel (auch Give Aways genannt) sind kleine Geschenke, um Bestandskunden oder Neukunden für sich zu gewinnen. Ob als Streuartikel oder hochwertiger Markenartikel – das Werbegeschenk soll den Kunden an das Unternehmen binden und eine positive Erinnerung hervorrufen.

Deshalb ist es wichtig, den passenden Werbeartikel gezielt hinsichtlich seiner thematischen Funktion/Nutzung und der zu bewerbenden Zielgruppe auszusuchen. Je gewitzter die Idee hinter dem Werbegeschenk ist, desto höher sind die Chancen, dass das damit in Verbindung gebrachte Produkt/Dienstleistung beim Kunden länger im Kopf bleibt.

Für eine erfolgversprechende Neukundengewinnung und Verteilung von Werbeartikeln eignen sich besonders Messen, Events und POS-Aktionen.

CHECKLISTE

1 Logo/Firmenname
2 Internetadresse
3 Kurze Headline
4 ggf. QR-Code
ggf. Key Visual/Produktabbildung
Slogan

TIPPS

- Daten in Illustrator anlegen und vektorisiert zum Druck geben
- Einfarbiger Druck ist günstiger
- Logo und Aufdruck sollten nicht im unteren Drittel des Shirts platziert werden, da schlecht lesbar
- Weiße Shirts sind schmutzanfälliger
- Sommer- und Wintershirts bedenken
- Bei Siebdruck ist der Druck länger haltbar
- Bei hochwertigen Werbeartikeln, das Logo dezent aufdrucken

GESTATTEN
DR. SPICKER!

REINSPICKEN.DE

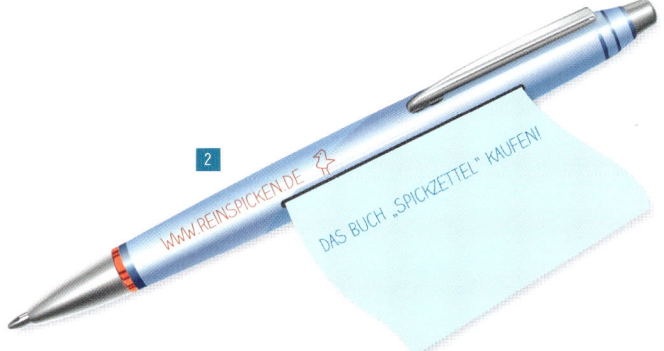

WWW.REINSPICKEN.DE

DAS BUCH „SPICKZETTEL" KAUFEN!

MESSESTAND
Überall zu Hause!

Sinn und Zweck eines Messestandes ist es, mit potenziellen Kunden und Interessierten in Kontakt zu kommen und sie in einem extra dafür geschaffenen Umfeld vom Unternehmen und dessen Ware zu überzeugen.

Dabei ist eine Aufteilung in mehrere Zonen üblich. Da ist zunächst der äußere Bereich: die Orientierungszone. Sie soll den Besucher zum Stand leiten und ihm die Botschaft des ausstellenden Unternehmens nahebringen. Hier sollte das Interesse des Besuchers geweckt werden. Einen Schritt weiter, in der Präsentationszone, kommt es zur Konktaktaufnahme und zum ersten Gespräch. In der Besprechungszone wird der Interessent zu einem ausführlichen Gespräch geführt. Diese Raumzone, die je nach Größe des Messestandes vom übrigen Geschehen abgetrennt ist, ermöglicht ungestörte Verhandlungen. Lagerfläche und Bewirtungsmöglichkeiten finden sich dann in der Funktionszone, die für die Besucher unzugänglich bleibt.

CHECKLISTE

Allgemeines
1. Beschriftung aller Möbel und Standwände mit dem Logo/Slogan/Key Visual/Headline
2. Einheitliche Kleidung des Messepersonals, Namensschilder (evtl. Firmenkleidung)
- Gesetzliche Vorgaben im Aussteller-Vertrag beachten

Orientierungszone
3. Empfangstheke (evtl. beleuchtet) mit Give Aways, Flyer, Broschüren, Deko, Snacks, Getränken, Kaffeemaschine
4. Exponate zum Ausprobieren und als Störer
- ggf. Audiovisuelle Vorführungen (Stele mit Bildschirm)

Präsentationszone
5. Tische, Stühle/Hocker, Raumaufteiler, Banner, Boden- und Tischaufsteller mit Produkten, weitere Exponate
- Personal für erste Gespräche

Besprechungszone
6. Boden- und Tischaufsteller mit Produkten, Tische, Stühle/Hocker, Raumaufteiler, Banner, weitere Exponate
- Pressemappen, Bestellformulare, Give Aways, Laptop, Bluetooth, WLan, Telefon, Fax
- Je nach Größe des Messestandes: Catering bzw. Café-Bereich mit Stühlen, Tischen, Getränken, Finger-Food)

Funktionszone
7. Lagerung von Materialien, Werbeartikeln, Garderobe, Küchenmaterialien, evtl. eine kleine Küche, Kühlschrank

TIPPS

- Planung von Kommunikationsmaßnahmen vor der Messe: Gutscheinaktionen, Eintrag in den Messekatalog, Besuchereinladungen, Gratiseintritte versenden, PR-Maßnahmen, Plakate, etc.
- Rechtzeitig Unterkunft organisieren
- Messebauer plant Auf- und Abbau (Miet- /Kaufmöbel, Lichtverhältnisse, Stromanschlüsse besprechen)
- Visitenkarten-Vorrat prüfen
- Schriftgrößen werden in cm bemessen
- Leseabstand zu Plakatwänden, Filmbeiträgen, Thekenbeschriftung beachten (Elemente auf Augenhöhe von 170 cm platzieren)
- Planung der Messe Produktionszeit für Werbemittel, Möbel, Bauten
- Zeitnahe Nachbereitung: Kontaktdaten sichern bzw. auswerten/Muster verschicken/Aufträge erledigen

SPICKZETTEL

DAS 1X1 DER KOMMUNIKATIONSMITTEL

GESTATTEN,
DR. SPICKER

43

DIGITALE
KOMMUNIKATION

INTERNETSEITE
Immer nur einen Klick weit entfernt!

Mit dem eigenen Internetauftritt wird heute jedes Unternehmen überall auf der ganzen Welt sichtbar. Um so wichtiger ist es, gerade hier den richtigen Eindruck zu vermitteln. Die Gestaltung spielt dabei eine große Rolle. Weitere wichtige Punkte sind, Benutzerfreundlichkeit, Informationsdichte und permanente Aktualität.

Vor der Realisierung einer Internetseite ist es notwendig, die Art der Programmierung, die Nutzbarkeit mit verschiedenen Browsern (Internet Explorer, Firefox, Safari, Netscape) und die Menüführung zu definieren. Je nach Unternehmen, Zielgruppe und Produkt kann der Aufbau einer Internetseite unterschiedlich gewichtet sein. Mitunter wirken große emotionale Bilder auf der Startseite einladend, evtl. auch Produktneuheiten, und manchmal findet der Nutzer Sonderangebote auf der Startseite goldrichtig platziert. Wie lange ein Benutzer auf der Internetseite war, oder wie oft er etwas angeklickt hat, kann man anhand verschiedener Auswertungs-Tools herausfinden.

CHECKLISTE

1. Logo/Firmenname, Slogan
2. Horizontal/vertikale Navigation mit max. 5 Buttons/Links empfehlenswert sowie einfache Beschriftung
3. Impressum muss auf der Startseite sichtbar sein (S. 50)
4. Stimmungsbilder/Produktabbildung
5. Bei Preisangaben §§ 1 PAngV, 5 a UWG
6. Überschriften kurz und informativ
7. Fließtexte sollten eine Schriftgröße zw. 9-12 px und eine max. Breite von 550 px haben
7. Texte in überschaubare Blöcke gliedern
8. Absätze kurz, prägnant (5-10 Zeilen lang)
9. ggf. Social Media Logos
- Zusatznutzen (z.B. Merkzettel, Routenplaner, Suchfunktionen, Produktfilter, Newsletterbestellung)
- Auflösung der Seite 1024x768 px oder 800x600 px
- Für Suchmaschinenoptimierung Schlüsselwörter definieren (besseres Ranking)
- Musiklizenzen bei der Gema einholen
- Keine blinkenden Animationen verwenden
- Bei Service-Rufnummer (Angabe der Kosten) § 1 PAngV
- AGB und Widerrufsbelehrung (für Anbieter von Waren- oder Dienstleistungen, z.B. Online-Shops) §§ 312b ff. BGB, 5a Abs. 3 UWG
- Siehe Copy-Strategie und Briefing S. 64-67
- Siehe Werbung und Gesetze S. 68-71

TIPPS

- Bildvergrößerung beim Darüberfahren mit der Mouse ist eine elegante Lösung
- Domainsicherung (Name sollte so lauten wie der Firmenname/Produkt)
- Internetseite immer aktuell halten
- Nur System-Webschriften verwenden
- Bilder als .PNG abspeichern (sind browserkompatibel)
- Flashanimationen in Textform als HTML-seite zu Verfügung stellen (besseres Ranking der Suchmaschinen)
- Traffic-Messung mit bspw. Google Analytics
- Überprüfung von Webdokumenten auf validator.w3.org

Individueller Aufbau, Beispiel

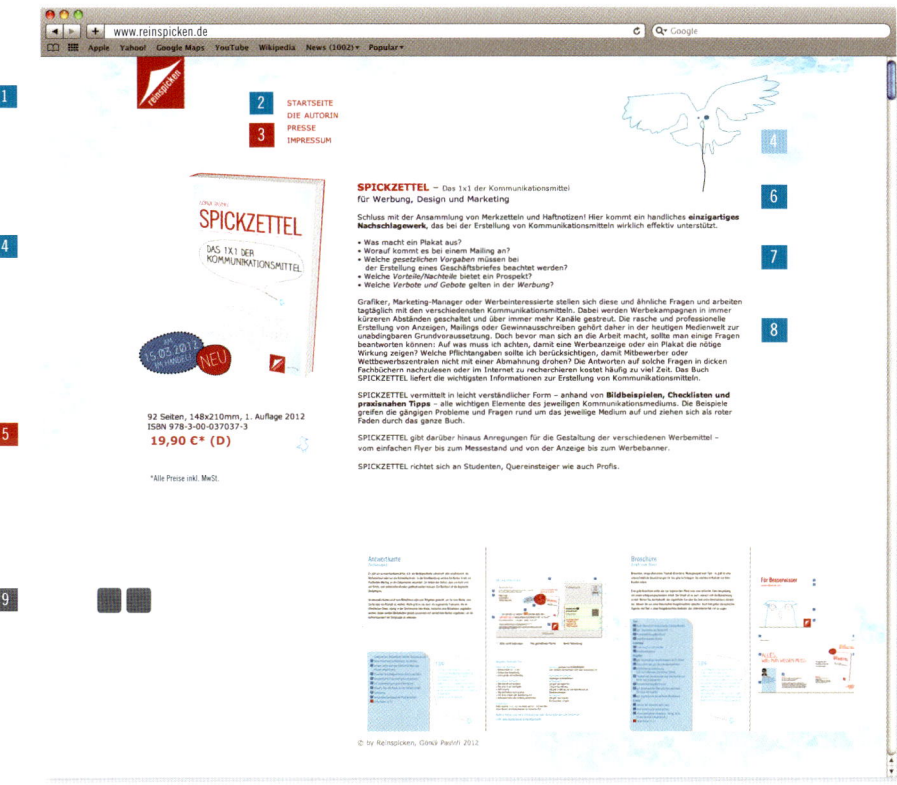

INTERNETSEITE / BENUTZERFREUNDLICHKEIT
Weniger ist mehr!

Zu einer benutzerfreundlichen Internetseite (Usability) gehört eine gute Lesbarkeit, eine augenfreundliche Farbauswahl, eine optimale und aktuelle Präsentation der Inhalte und größtmögliche Barrierefreiheit. Wenn man sich mit Leichtigkeit auf der Internetseite orientieren kann und auf Anhieb, also mit wenig Klicks, das Gesuchte findet, kann man aus einem zufriedenen Besucher einen potenziellen Kunden machen.

CHECKLISTE

Navigation
- Hervorhebung des aktiven Menüpunktes (Linkstatus, wo befindet sich der Nutzer?)
- Horizontales Scrollen vermeiden
- Seitenlayout auf alle Screens anwenden (Verwirrungen vermeiden)
- Verlinkungen nicht in einem neuen Fenster öffnen (viele unterdrücken die Funktion „Pop-Up Fenster")
- Hyperlinks erscheinen immer unterstrichen (gelerntes Muster)
- Flache Link-Hierarchie (alle relevanten Infos sollten von einer Seite aus erreichbar sein)
- Logo mit der Startseite verlinken

Inhalt
- Wichtige Inhalte stehen am Anfang
- Logo gut sichtbar anbringen, meistens links oben
- Klare Struktur von Text, Bild, Farbe, Größe
- Freiräume machen Inhalte übersichtlicher
- Schriftgröße skalierbar (je nach Zielgruppe mit einem „AAA"-Button möglich)

Allgemeines
- Anzeige des Ladezustandes (bei Videos herunterladen)
- Anzeige Versandstatus (bei Kontakt-/Bestellformular)
- Auflösung der Seite 1024x768 px oder 800x600 px
- Erreichbarkeit von Informationen durch wenige Klicks
- Sitemap bzw. Inhaltsverzeichnis anlegen
- Auf kurze/angemessene Ladezeiten achten
- Keine zu langen URLs (erleichtert Weiterempfehlung der Seite)
- Bilder mit ALT-Tags versehen (Suchmaschinenoptim.)
- Eigene 404-Fehler-Seite anlegen, die den Besucher zurück zur eigenen Internetseite führt

TIPPS
- Möglichst wenig Anglizismen
- Telefon-Nr./Kontaktadresse auf jeder Seite anzeigen (schnelle Erreichbarkeit ohne langes Suchen)
- Seitenstrukturierung/Aufbau an der Zielgruppe orientieren (Jugendliche, Rentner etc.)
- Videos nicht direkt beim Laden starten
- Usability-Labore testen Seiten mit Mouse- und Eye-Tracking

Klassischer Aufbau und Inhalte

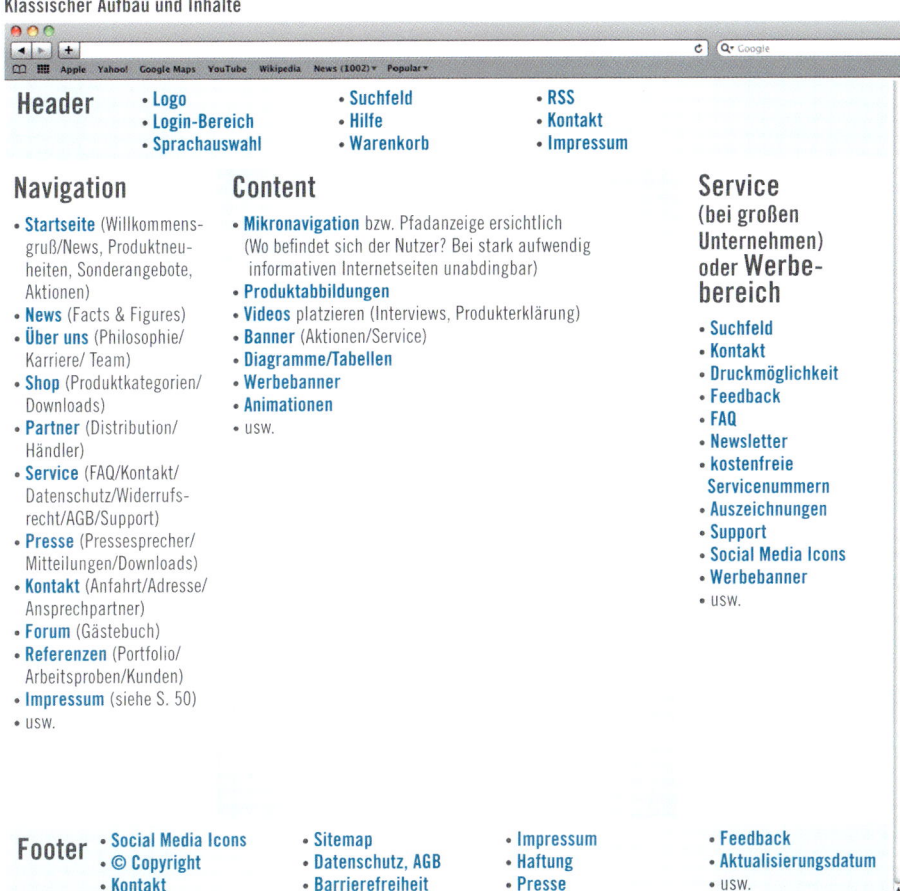

Header
- Logo
- Login-Bereich
- Sprachauswahl
- Suchfeld
- Hilfe
- Warenkorb
- RSS
- Kontakt
- Impressum

Navigation

- **Startseite** (Willkommens-gruß/News, Produktneu-heiten, Sonderangebote, Aktionen)
- **News** (Facts & Figures)
- **Über uns** (Philosophie/ Karriere/ Team)
- **Shop** (Produktkategorien/ Downloads)
- **Partner** (Distribution/ Händler)
- **Service** (FAQ/Kontakt/ Datenschutz/Widerrufs-recht/AGB/Support)
- **Presse** (Pressesprecher/ Mitteilungen/Downloads)
- **Kontakt** (Anfahrt/Adresse/ Ansprechpartner)
- **Forum** (Gästebuch)
- **Referenzen** (Portfolio/ Arbeitsproben/Kunden)
- **Impressum** (siehe S. 50)
- usw.

Content

- **Mikronavigation** bzw. Pfadanzeige ersichtlich (Wo befindet sich der Nutzer? Bei stark aufwendig informativen Internetseiten unabdingbar)
- **Produktabbildungen**
- **Videos** platzieren (Interviews, Produkterklärung)
- **Banner** (Aktionen/Service)
- **Diagramme/Tabellen**
- **Werbebanner**
- **Animationen**
- usw.

Service
(bei großen Unternehmen)
oder **Werbe-bereich**

- Suchfeld
- Kontakt
- Druckmöglichkeit
- Feedback
- FAQ
- Newsletter
- kostenfreie Servicenummern
- Auszeichnungen
- Support
- Social Media Icons
- Werbebanner
- usw.

49

Footer
- Social Media Icons
- © Copyright
- Kontakt
- Sitemap
- Datenschutz, AGB
- Barrierefreiheit
- Impressum
- Haftung
- Presse
- Feedback
- Aktualisierungsdatum
- usw.

Dies ist ein grundsätzlicher Aufbau, der übersichtlich und anwenderfreundlich strukturiert ist.
Es sind auch andere Aufteilungen und Inhalte möglich.

IMPRESSUM
Wichtige Vermerke!

Grundsätzlich benötigen nach §§ 5, 6 TMG, 55 RStV alle Dienstanbieter für geschäftsmässige, in der Regel gegen Entgelt angebotenen Internetseiten mit Waren/Dienstleistungen, ein Impressum. Mit dem Impressum soll sich der Seiteninhaber für den Nutzer identifizieren (Anbieterkennzeichnung).

Alle in der Checkliste aufgelisteten Informationen müssen leicht erkennbar und über einen Link unmittelbar erreichbar sowie ständig verfügbar sein. Sie sollten nicht über ein Pop-Up Fenster angezeigt werden, da diese Funktion bei vielen Nutzern unterdrückt ist.

CHECKLISTE

1. Name, Anschrift, Rechtsform (bei jur. Personen mit Vertretungsberechtigten, bei natürl. Personen Name, Vorname)
2. Telefon-Nr. (Fax-Nr. soweit vorhanden)
3. E-Mail Adresse
4. Ort des Registers (Handelsregister, Vereinsregister, Partnerschaftsregister, oder Genossenschaftsregister)
5. Registernummer
6. USt- und/oder Wirtschafts-IdNr. (bei Kleinunternehmer: „Hinweis auf § 19 UStG, dass keine Umsatzsteuer erhoben und deshalb auch keine ausgewiesen wird; alle Preise sind Endpreise zzgl. Liefer- und Versandkosten" §§ 1 PAngV, 5 a UWG)
7. Haftungsausschluss (insbes. Datenschutzerklärung)
- Bildnachweis/Quellenangabe
- Angabe bei Liquidation (AG, KG, GmbH)
- Zuständige Aufsichtsbehörde (falls die Tätigkeit einer Zulassung bedarf, z.B. Anwälte, Banken)
- Gesetzliche Berufsbezeichnung
- Bezeichnung der berufsrechtlichen Regelung und wie diese zugänglich sind
- Sofern Kapitalangaben gemacht werden, das Stamm- oder Grundkapital sowie, wenn nicht alle in Geld zu leistenden Einlagen eingezahlt sind, der Gesamtbetrag der ausstehenden Einlagen
- Siehe Werbung und Gesetze S. 68-71

TIPPS

- Rein private Internetseiten benötigen kein Impressum, es sei denn sie enthalten Werbebanner
- Es gibt kostenlose Online-Generatoren für die Erstellung eines Impressums (bitte Angabe der Quelle nicht vergessen!)
- Impressumsangaben können sich auch unter "Kontakt" befinden

Impressum

Angaben gemäß § 5 TMG:

1 reinspicken GmbH
Tippstraße 100
79100 Trickstadt
Vertreten durch:
Dr. Klaus Spicker, Heinrich Schummler

2 Tel. 0761 1 23 45
Fax 0761 1 23 46

3 info@reinspicken.de

Registergericht:
4 Amtsgericht Trickstadt
5 HRB 12345

USt-IdNr. gemäß § 27 a UStG:
6 DE 123456789

7 Haftungsausschluss (sollte Folgendes enthalten:)
- Haftung für Inhalte
- Haftung für Links
- Urheberrecht
- Datenschutz
- ggf. Datenschutzerklärung für die Nutzung
  von Facebook Plugins
- ggf. Datenschutzerklärung für die Nutzung von Twitter
- ggf. Datenschutzerklärung für die Nutzung
  von Google Analytics)

51

BANNER
Hier gibt's noch was!

Ein Klassiker der Onlinewerbung sind Werbebanner, die auf Internetseiten meistens rechts, oder auf der Seite oben platziert werden. Bei Bannern spielt neben dem Format (S. 76) und der Platzierung die Gestaltung eine große Rolle. Es gibt statische, animierte und transaktive Banner. Bei letzterem ist das Banner mit einer Funktion verbunden, wie. z.B. „Bestellung eines News-letters".

Da der Nutzer Internetseiten mit Werbung gerne rasch überfliegt, ist das Ziel eines guten Banners, innerhalb von Sekunden die Aufmerksamkeit des Nutzers auf sich zu lenken und ihn zum Klicken zu bewegen, um ihn danach ohne langes Suchen direkt auf das Produkt weiterzuleiten.

CHECKLISTE

1 Trennung von Werbung und redaktionellen Inhalten
§§ 3, 4 UWG, 6 Abs. 1 Nr. 1 TMG

2 Grundnutzen als Headline, große Schrift (max. 5 Wörter)
(z.B. 50 % sparen)

3 Produktabbildung/Key Visual/Umsetzung Hauptbotschaft

4 Subline mit kurzer Zusatzinfo zum Produkt

5 Kontraststark (kein weißer Hintergrund)

6 Störer als Button mit Verlinkung zur Produktseite
z.B. Mehr erfahren!, Hier klicken!, Jetzt entdecken

7 Logo/Kontaktdaten der Firma, Internetadresse

Dezente Animation von Vorteil, z.B. animierte Gifs

ggf. kurze Auflistung von Vorteilen

ggf. Begründung des Nutzenversprechens

ggf. Datum „Aktion gültig von ... bis ..."

8 ggf. Social Media Logos

ggf. Auszeichnungen/Qualitätssiegel, siehe auch S. 71

Siehe Copy-Strategie und Briefing S. 64-67

Siehe Werbung und Gesetze S. 68-71

TIPPS

• Klickrate-Messung (Google Analytics)
• Animationen sorgen für mehr Aufmerk-samkeit
• Direkter Link auf die Zielseite (Landing Page)
• Banner-Datei darf keine Begriffe wie: „Ads", „Adverts", „Werbung" oder „Banner" enthalten, da es sonst geblockt wird
• Schriftgröße: nicht kleiner als 9 pt
• Dateigröße: unter ca. 45 KB bleiben
• Datei als .png (transparenter Hintergr.) oder .jpg (weißer Hintergr.) speichern
• Text mit der Glättungsmethode in Photoshop schärfen, ist besser lesbar
• Bannerschaltung in Newslettern und E-Mail möglich

1 *Anzeige* ─────────

Bild 1

Bild 2

animiertes Banner

E-MAIL NEWSLETTER / ADRESSGENERIERUNG
Bestätigend!

Zielsetzung für die Versendung von Newslettern ist die Adressgenerierung. Hierfür ist eine eigene Internetseite sehr geeignet. Allerdings müssen einige gesetzliche Vorgaben eingehalten werden, damit die generierten Adressen bedenkenlos genutzt werden können. Nach dem sog. Double-Opt-In-Prinzip dürfen nur diejenigen angeschrieben werden, die ihre Einwilligung dazu gegeben („Häkchen" setzen) und die Begrüßungsmail bestätigt haben. Dies geschieht, indem der Besucher das Auswahlfeld „Ja, ich will den monatlichen Newsletter erhalten" anklickt und damit aktiviert. Dabei darf nur die E-Mail Adresse als Pflichtfeld abgefragt werden. Dann erhält der Interessent eine Bestätigungs-E-Mail. Erst durch den Klick auf den Link wird die Anmeldung aktiviert. Wenn diese Bestätigung nicht erfolgt, darf der Anbieter dem Interessenten keine E-Mails zusenden.

CHECKLISTE

Adressgenerierung

1. Schritt Anmeldeformular

1 Nur E-Mail Adresse als Pflichtfeld (keine Anschrift, Anrede o.ä.) §§ 3 BDSG, 14 TMG

2 Grund der Kontaktaufnahme (z.B. Werbung durch Newsletter). Opt-In darf nicht vorausgewählt sein

3 Abbestellmöglichkeit der Newsletter (Hinweis auf Widerspruchsrecht) §§ 28 BDSG, 13 TMG

4 Datenschutzhinweis (Zweckbestimmung der Erhebung, Verarbeitung und Nutzung der E-Mail Adresse) § 13 TMG

Einwilligungserklärung

2. Schritt Begrüßungsmail

5 Begrüßungsmail nach der Anmeldung sog. „Double-Opt-In"-Methode. Der Teilnehmer klickt auf einen Bestätigungslink und bestätigt damit seine Einwilligung § 7 Abs. 2 Nr. 3 UWG

Einwilligung des Adressaten protokollieren (Logfiles)

Jederzeitige Abrufbarkeit der Einwilligungserklärung (Datenschutzerklärung)

Siehe Werbung und Gesetze S. 68-71

TIPPS

- Kein Pop-Up Fenster für die Anmeldung verwenden, da die Funktion oft unterdrückt wird
- Anmeldung in Bestell- und Kontaktformular integrieren
- Leser für das Newsletter-Abo gewinnen mit Mehrwert Angeboten (z.B. Gutschein)
- Anreize zur Weiterempfehlung schaffen
- Orte für Adressgenerierungen: Eigene Internetseite, E-Mail-Signatur, Blog, Landing Pages, Messekontakt, Co-Registrierung über andere besucherstarke Internetseiten
- Erfolgskontrolle der Landing Page mit Google AdWords

Zugangsdaten ❯ ❯ Adressangaben

Konto einrichten

Bitte geben Sie auf den folgenden Seiten alle Angaben zu Ihrer Bestellung ein. Um weitere
Bestellungen noch bequemer zu machen, speichern wir Ihre Daten auf unserem Sicherheitsserver.

Zugangsdaten

* Pflichtfeld

Anrede

Vorname

Nachname

E-Mail Adresse* `1`

Newsletter `2` ☐ Ja, bitte informieren Sie mich regelmäßig und
kostenlos über Neuerscheinungen aus dem Sortiment.
Eine Abbestellung des Services ist jederzeit problemlos
möglich. Mehr Infos hier. `3`

`4` Wir nutzen Ihre E-Mail Adresse, um Ihnen kostenlos
Informationen über besondere Marketingangebote,
interessante Neuerscheinungen und Gutscheine
zuzuschicken. Eine Abbestellung des Services ist
jederzeit im Kontobereich oder über einen Link
in unseren E-Mails möglich.

(ABBRECHEN)   (WEITER)

Von: Reinspicken <newsletter@reinspicken.de>
Betreff: Die Newsletter Anmeldung
Datum: 18. September 2012 14:02:29 MEZ
An: Muster Leser <info@leser.de>
Antwort an: Reinspicken <newsletter@reinspicken.de>

Vielen Dank für Ihre Anmeldung zum Newsletterversand!

Bitte klicken Sie auf den Aktivierungslink, damit Ihre E-Mail-Adresse für den Empfang des Newsletters freigeschaltet wird. Sollten
Sie sich nicht in unseren Newsletter eingetragen haben bzw. den Empfang des Newsletters nicht wünschen, betätigen Sie den Link
bitte nicht. Ihre Adresse wird dann bei der nächsten Aktualisierung der Datenbank automatisch gelöscht.

Mit freundlichen Grüßen
Ihr Reinspicken-Team   `5`

Ihr Aktivierungslink:
https://www.reinspicken.de/newsletter.php?
=activate&language=ge&email=info@leser.de&key=U5988HC68ABCDEFFGBH8COOABCDEFP8OP

E-MAIL NEWSLETTER
Was gibt's Neues?

Der Newsletter ist eines der effizientesten Verkaufsinstrumente im Online-Marketing. Er sollte so aufgebaut sein, dass er den Leser informiert und ihm gleichzeitig etwas verkauft. Der Newsletter muss immer einen Nutzwert bieten. Dieser kann so aussehen, dass man neben den Produktinformationen einen Anreiz bietet, z.B. einen Rabatt. Der Newsletter selbst kann im HTML-, im Textformat oder in beiden Formaten verschickt werden. Er kann mit spezieller Software selbst oder von einem Versanddienstleister erstellt und versendet werden.

CHECKLISTE

1. Informationspflicht (Erkennung von kommerzieller Kommunikation, nat. oder jur. Person, Domainname, Betreffzeile, z.B. Preisnachlass, Gewinnspiel etc.) § 6 TMG
2. Betreff mit der Kernbotschaft kurz und knapp (z.B. „Nur heute 30 % Rabatt auf alle Artikel")
3. „Rettungslink" einbauen (bei fehlerhafter Anzeige Weiterleitung zur Internetseite)
4. Header mit emotionalen Bildern (Blickfang)
5. Logo/Absender im Header
6. Grundnutzen als Headline, kurz
7. Persönliche Ansprache (Hallo Frau ...)
8. Zusatznutzen als Copytext, max. 5-10 Zeilen
9. Texte nicht zu werblich, besser sachlich
10. Texte anteasern und einen „weiterlesen" Link einbauen
11. Produktabbildung/Key Visual/Umsetzung Hauptbotschaft
12. Bei Preisangaben §§ 1 PAngV, 5 a UWG
13. Klickbare Elemente (z.B. hervorgehobene Buttons)
14. ggf. Menü im Footer einbauen (für mehr Infos wie auf der Internetseite)
15. Abbestellmöglichkeit des Newsletters (Hinweis auf Widerspruchsrecht) §§ 28 BDSG, 13 TMG
16. Pflichtangaben wie auch im Geschäftsbrief, S. 8
17. Impressumspflicht, S. 50
- Versand an Bestandskunden/mit Zustimmung vom Empfänger für Newsletterversendung §§ 7, 12 TMG
- ggf. Social Media Logos im unteren Drittel
- Ideale Breite 600-650 px
- Auswertung lässt sich messen (Bouncerate, Öffnungsrate, Klickrate, Abmelderate)
- ggf. Banner-Werbung
- Siehe Copy-Strategie und Briefing S. 64-67
- Siehe Werbung und Gesetze S. 68-71

TIPPS

- Manche Worte in der Betreffzeile können vom Spamfilter aussortiert werden z.B. "Sex" in "Gehalt*sex*perte"
- Mit dem Wichtigsten zuerst starten
- Keinen langen Scroll-Newsletter
- Klickmessung (Was kommt an?)
- Regelmäßiger Versand nur, wenn auch was Neues vorliegt
- Vorsicht bei gekauften Adressen (Datenschutzhinweise aktuell)
- Einmaliger E-Mail-Kontakt ist keine Einwilligung für Newsletterversand
- Vor Versand Verlinkungen prüfen (z.B. mit einem Link-Checker)
- Testversand der Newsletter an eigene Adressen
- Sonderzeichen werden nicht immer dargestellt
- Bei langen Newslettern eine Art Inhaltsverzeichnis zur schnellen Übersicht anlegen (mit Ankerlinks)
- Passenden Versandtermin finden (je nach Zielgruppe)
- Für die Personalisierung freundlich nach der Anrede fragen (da nicht gesetzlich vorgeschrieben)

57

2 1

Von: Reinspicken <newsletter@reinspicken.de>
Betreff: Versandkostenbefreiung! Jetzt kommt Freude auf!
Datum: 25. April 2012 14:02:29 MEZ
An: Muster Leser <info@leser.de>
Antwort an: Reinspicken <newsletter@reinspicken.de>

Probleme mit der Darstellung? Hier klicken!
Für eine bessere Zustellbarkeit bitte newsletter@reinspicken.de zum Adressbuch hinzufügen

3

4

5

6 **HURRA HURRA,
DER SPICKZETTEL IST ENDLICH DA!**

7 Liebe Freunde von Reinspicken,

Am 01. Mai 2012 erscheint das Buch „SPICKZETTEL" - Das 1x1 der Kommunikationsmittel.

11

Schluss mit der Ansammlung von Merkzetteln und Haftnotizen! Hier kommt ein handliches, einzigartiges Nachschlagewerk, das bei der Erstellung von Kommunikationsmitteln wirklich effektiv unterstützt. Auf welche Bestandteile muss geachtet werden, damit eine Anzeige oder ein Plakat Wirkung zeigt? Welche Pflichtangaben gibt es, was muss beachtet werden ...? mehr ... 10

8
9

84 Seiten mit Bildbeispielen auf jeder Seite,
148 x 210 mm, 1. Auflage 2012, reinspicken GmbH
ISBN 978-3-00-037037-3, **€ 19,90 (D)** 12

**ODER HIER
VERSANDKOSTENFREI
BESTELLEN** 13

Herzliche Grüße aus Freiburg
das reinspicken-Team

12 Alle Preisangaben inkl. gesetzl. MwSt.

NEWSLETTER:
Dieser Newsletter wurde verschickt an:
info@leser.de
Diese Adresse abmelden

15

FRAGEN & ANREGUNGEN:
info@reinspicken.de
Tel. 0761 1 23 45*

LESEN & STÖBERN:
www.reinspicken.de

14

16 reinspicken GmbH | Tippstraße 100 | 79100 Trickstadt | AG Trickstadt HRB 12345
Vertreten durch: Dr. Klaus Spicker (Sprecher), Heinrich Schummler

„14 ct/min aus dem deutschen Festnetz, höchstens 42 ct/min aus Mobilfunknetzen"

Impressum | Kontakt

follow us! 17

SIGNATUR / E-MAILS IM GESCHÄFTSVERKEHR
Was noch zu sagen ist!

Die E-Mail Signatur wird vermehrt für Werbezwecke genutzt und ist auch eine Absenderkennung im geschäftlichen Sinne. Deshalb verpflichtet der Gesetzgeber den Versender im Sinne der Rechtssicherheit in allen geschäftsbezogenen E-Mails gewisse Pflichtangaben nicht nur im Impressum, sondern auch in der E-Mail-Signatur aufzuführen.

CHECKLISTE

1 Vertraulichkeitshinweise

2 Logo/Signet

3
- Genau eingeschriebene Firmenbezeichnung und Rechtsform (für Kleingewerbetreibende: Name und mind. ein ausgeschriebener Vorname und
- Straße, Hausnummer, PLZ, Wohnort

4 Telefon-Nr., Fax, ggf. E-Mail, Internetadresse

5 USt-IdNr.

6 Geschäftsführer/Inhaber/Vorstand/Aufsichtsrat mit mind. einem ausgeschriebenen Vor- und Zunamen (bei AG: Vorsitzenden des Vorstands)

7
- Firmensitz/Stammsitz
- Registergericht
- Handelsregisternummer

8 ggf. Social Media Logos

9 Hinweis auf Newsletter-Abo

10 Haftungsausschluss

11 ggf. Banner-Werbung

■ ggf. Titel, Funktion und Abteilung

■ Siehe Copy-Strategie und Briefing S. 64-67

■ Siehe Werbung und Gesetze S. 68-71

TIPPS

- QR-Code mit V-Card hinterlegen
- Länge der Signatur sollte auf einem Ausdruck keine halbe Seite einnehmen
- Sonderzeichen vermeiden
- Internet-/E-Mailadresse sollten verlinkt werden

Von: Reinspicken <info@reinspicken.de>
Betreff: Angebot Sortiment
Datum: 16. November 2012 10:04:22 MEZ
An: Muster Leser <info@leser.de>
Antwort an: Reinspicken <info@reinspicken.de>

1 WICHTIG: Diese Nachricht ist privat und muss vertraulich behandelt werden. Falls Sie diese Nachricht irrtümlicherweise erhalten haben, benachrichtigen Sie uns bitte und löschen Sie sie.

Sehr geehrter Herr Leser,

anbei sende ich Ihnen, wie versprochen, unser derzeitiges Sortimentsangebot.

Sollten Sie noch Fragen dazu haben, rufen Sie mich bitte an.

Mit freundlichen Grüßen
Ihr reinspicken-Team

2

3 reinspicken GmbH, Tippstraße 100, 79100 Trickstadt

4 Tel. 0761 1 23 45, Fax 0761 1 23 46
info@reinspicken.de, www.reinspicken.de
5 USt-IdNr.: DE 23456789

6 Aufsichtsratsvorsitzender: Dr. Klaus Spicker, Geschäftsführer: Heinrich Schummler
7 Unternehmenssitz: Trickstadt, Registergericht: Amtsgericht Trickstadt, HRB 12345

8 ▪ follow us!

9 NEWSLETTER ABONNIEREN
Jetzt aktuelle Angebote der Woche von reinspicken GmbH sehen, hier klicken

10 Diese Nachricht und die angehängten Dateien sind ausschließlich für die Verwendung von info@reinspicken.de bestimmt und enthalten möglicherweise Informationen, die vertraulich sind, dem Urheberrecht unterliegen oder ein Geschäftsgeheimnis darstellen. Sind Sie als Empfänger dieser E-Mail nicht mit dem Adressaten identisch, informieren wir Sie hiermit, dass das Vertreiben, Kopieren oder Verteilen dieser Nachricht oder evtl. zugehöriger Dateien strengstens untersagt ist. Falls Sie diese Nachricht irrtümlicherweise erhalten haben, löschen Sie sie, und senden uns umgehend eine Nachricht an info@reinspicken.de

11

APP
Für alles zu haben!

Apps gibt es für die verschiedensten Anwendungszwecke wie z.B. als Navigation, als News-ticker, als Shopping-Hilfe usw. Sie sollen in erster Linie dem Benutzer einen Mehrwert bieten. Funktionalität, Benutzerfreundlichkeit und eine entsprechende Oberfläche sind für eine effektive mobile Anwendung notwendig. Wenn eine App nur schön aussieht, aber umständlich zu bedienen ist, wird sie der Anwender entweder gar nicht verwenden, oder sie gleich wieder löschen. Apps sind ideal für die Gewinnung von Neukunden und die Verstärkung der Kundenbindung bei Bestandskunden.

Apps werden gesetzlich wie eine Internetseite oder Newsletter betrachtet. Deshalb gelten auch hier die Impressumspflichten nach §§ 5, 6 TMG, 55 RStV.

CHECKLISTE

1. Logo/Firmenname, Überschriften in der „Navigation Bar"
2. Register im oberen Bereich anlegen (Suche, Bearbeiten, Aktuelles, etc.)
3. Texte in einer lesbaren Größe zeigen
4. Symbole in der „Tab-Bar" sollten
   - einfarbig sein,
   - dieselbe Schrift und Schriftgröße haben,
   - eine klare Bildsprache haben (z.B. Lupen-Symbole steht für „Suche"),
   - max. 5 Symbole verwenden (z.B. Home, Suche, Einkaufsliste, Warenkorb, Mehr)

Allgemeines
- Klare und einfache Schriften verwenden
- Bildschirmgröße beachten (iPhone, Blackberry etc.)
- Nutzungskontext (ablenkendes Umfeld, wechselnde Lichtverhältnisse)
- Sichtbarkeit und Bedienbarkeit (alles mit dem Finger antippbar)
- Touch-Screen-Anwendung (Links-/oder Rechtshänder)
- Benutzerfreundlichkeit, siehe Internetseite S. 48
- Bei gewerblichen Angeboten, siehe Impressum S. 50
- Einwilligungserklärung einholen (um Nachrichten oder Mitteilungen an den Nutzer senden zu können) S. 54-57
- Siehe Copy-Strategie und Briefing S. 64-67
- Siehe Werbung und Gesetze S. 68-71

TIPPS

- App posten in Social Media-Kanälen
- Aufnahme in Signatur, Newsletter und Internetseite
- App-Tools (Baukästen) erleichtern ein schnelles Erstellen und sind günstig
- Screen Layout/Programmierung abhängig von Smartphone-Typ
- Fertige Grafik-Tools vorhanden (z.B. unter Iphone GUI-Vorlage)
- Polygon-Werkzeug in Photoshop für Grafiken anwenden (pixelfreie Darstellung)
- Messung des Nutzerverhaltens mit z.B. Google Analytics

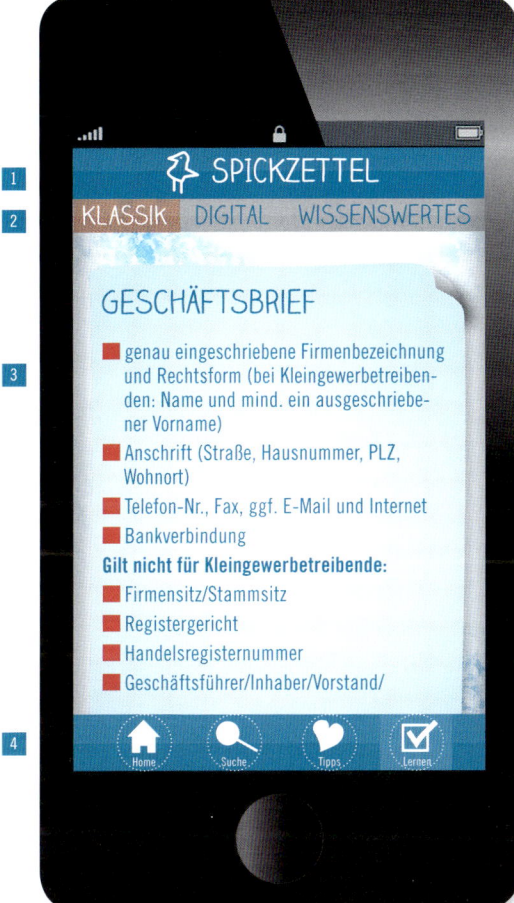

1

2

3

4

SPICKZETTEL

KLASSIK   DIGITAL   WISSENSWERTES

GESCHÄFTSBRIEF

■ genau eingeschriebene Firmenbezeichnung und Rechtsform (bei Kleingewerbetreibenden: Name und mind. ein ausgeschriebener Vorname)

■ Anschrift (Straße, Hausnummer, PLZ, Wohnort)

■ Telefon-Nr., Fax, ggf. E-Mail und Internet

■ Bankverbindung

Gilt nicht für Kleingewerbetreibende:

■ Firmensitz/Stammsitz

■ Registergericht

■ Handelsregisternummer

■ Geschäftsführer/Inhaber/Vorstand/

Home   Suche   Tipps   Lernen

ICON

Ein Icon sollte
• klar, einfach und einzigartig sein
• nicht immer glossy sein
• wenig Worte beinhalten (max. 1 Wort)
• noch zu erkennen sein bei der kleinsten Größe von 20x20px

WISSENSWERTES

COPY-STRATEGIE

Die Copy-Strategie ist der Leitfaden einer Kommunikationskampagne. Sie fixiert das inhaltliche Grundkonzept, welches allen weiteren Kommunikationsmaßnahmen zugrunde liegt. Als Fundament zielorientierter Ansprache leiten sich aus ihr drei Bereiche ab: das Nutzenversprechen (Benefit), die Begründung dessen (Reason Why) und der Stil sowie Grundton (Tonality) der Kampagne. Mit der Copy-Strategie wird somit eine Orientierungsplattform geschaffen, die einen klaren Rahmen für weitere kreative Arbeiten hinsichtlich der Visualisierung und Verbalisierung definiert.

In der Copy-Strategie sind folgende Aussagen geregelt:

A. Copy-Strategie

1. Nutzenversprechen (Benefit)

Unter Nutzenversprechen versteht man das Abzielen auf Wünsche und Bedürfnisse der Kunden und ein Sich-Abheben von gleichartigen Produkten im Wettbewerb. Das Nutzenversprechen unterteilt sich in Grund- und Zusatznutzen. Jedes Produkt hat einen Grundnutzen, z.B. ist ein Schreibtisch eine Arbeitsplattform. Der Zusatznutzen könnte hier die Praktikabilität sein.

Das Nutzenversprechen setzt noch eine zusätzliche Anforderung für die Werbung voraus, und zwar soll das Produkt bzw. die Dienstleitung einen USP oder UAP beinhalten.

USP (Unique Selling Proposition) ist das Alleinstellungsmerkmal durch einen einzigartigen Verkaufsvorteil. UAP (Unique Advertising Proposition) ist das Alleinstellungsmerkmal durch eine emotional werbliche Umsetzung.

Oftmals reicht jedoch allein das Nutzenversprechen dem Kunden nicht aus, so dass er durch den Reason Why im Kauf bestärkt werden muss.

2. Begründung (Reason Why)

Die Begründung für das Nutzenversprechen (Glaubhaftmachung des Vorteils), soll zum Kauf des Produktes bewegen. Hier werden Gründe aufgeführt, die das Nutzenversprechen beweisen und untermauern.

Die Begründung kann mit Testimonials, Testergebnissen, Zertifikaten etc. unterstützt werden.

Begründung

Stil und Atmosphäre

Nutzenversprechen

3. Stil und Atmosphäre (Tonality)

Der letzte Punkt der Copy-Strategie ist die Tonality: Dieser Teil legt fest, in welcher Atmosphäre die Botschaft vermittelt werden soll (wissenschaftlich, traditionell, sportlich, seriös, verrückt, frisch, jugendlich etc.). Tonality beschreibt also den Stil, in welchem die Kommunikationsmittel gestaltet und textlich umgesetzt werden.

Am Ende müssen noch die Werbeträger und Werbemittel festgelegt werden, die die Glaubwürdigkeit des Produktes transportieren sollen.

B. Werbemittel-Strategie

Die Werbemittel-Strategie beinhaltet Überlegungen und die Entscheidung für die einzusetzenden Werbemittel (z.B. Anzeigen, Flyer, Online-Banner).

C. Werbeträger-Strategie

Die Werbeträger-Strategie definiert die Werbeträger, über die die Werbebotschaft an die Zielgruppe vermittelt werden soll (z.B. Zeitung, TV-Sport, Plakat).

BRIEFING

Ein Briefing ist eine Kurzbeschreibung der Aufgabenstellung vom Auftraggeber hinsichtlich der Umsetzung anstehender Kommunikationsmaßnahmen; sei es nun eine komplette Kampagne oder ein einziges Kommunikationsmittel das erstellt werden soll. Voraussetzung für die erfolgreiche Umsetzung aller Arbeiten ist dabei die Klärung bestimmter Einzelheiten.

Folgende Punkte können im Briefing angesprochen werden:

1. Situation
- Was für ein Unternehmen ist es? (Branche, Tätigkeitsbereich, Standorte)
- Wie ist das Unternehmen am Markt positioniert?
- Welche Stärken und Schwächen liegen vor?
- Welche Produkte gibt es am Markt?
- Welches Image hat das Unternehmen?
- Welche Corporate Identity besteht?

2. Aufgabe/Ziel
- Aus welchem Hintergrund heraus soll eine Werbemaßnahme gestartet werden?
- Was soll erfüllt werden (kurzfristiges/langfristiges Ziel)?
- Welche Marketingziele werden verfolgt (Serviceinitiative, Vertriebsunterstützung)?
- Was soll mit der Werbemaßnahme erreicht werden?

3. Produkt
- Wie beschreibt sich das Produkt?
- Welche Benefits (Nutzen und Funktion) hat das Produkt?
- Welches Alleinstellungsmerkmal (USP) hat es?
- Ist die Beweisführung glaubhaft? (Reason Why)?
- Wie ist die preisliche Einordnung des Produktes?
- Was sind die bisherigen Marketing-/Werbemaßnahmen?

4. Zielgruppe
- Welche Zielgruppe soll angesprochen werden?
- Wie setzt sich diese Zielgruppe zusammen?
- Wie verwendet die Zielgruppe das Produkt?
- Wie hoch ist die Nachfrage?
- Gibt es Forschungsergebnisse über das Kaufverhalten der Zielgruppe?
- Bestehen Wirtschafts- und Bevölkerungsstatistiken?

5. Konkurrenz

- Wie sind die Wettbewerber am Markt positioniert?
- Was zeichnet sie aus?
- Worin liegt der Unterschied zum Hauptkonkurrenten?
- Welche Stärken und Schwächen hat die Konkurrenz?

6. Rahmenbedingungen

- Liegt ein einheitliches Erscheinungsbild vor (Corporate Design)?
- Welche Pflichtinhalte müssen in die Werbung aufgenommen werden?
- Was kann/soll am Markenbild verändert werden?

7. Unterlagen

- Bisherige Werbemittel-/Werbeträgermaßnahmen
- Corporate Design Handbuch bzw. Styleguide
- Marktforschungsdaten
- Informationen zum Produktsortiment
- Bisherige Prüfberichte

8. Budget

- Welches Budget steht zur Verfügung?
- Welche Phasen der Realisierung sind im Budget berücksichtigt?

9. Timing

- Wie ist der Zeitplan, wann soll die Kampagne/Aktion beginnen/enden?
- In welchem Gebiet soll geschaltet werden (national/international)?
- Wieviel Zeit wurde für die verschiedenen Phasen der Realisierung eingeplant?

WERBUNG UND GESETZE!
Allgemeines 1

Informationspflicht § 5a Abs. 3 UWG (Irreführung durch Unterlassen)

Werden Waren oder Dienstleistungen unter Hinweis auf deren Merkmale und Preis in einer dem verwendeten Kommunikationsmittel angemessenen Weise so angeboten, dass ein durchschnittlicher Verbraucher das Geschäft abschließen kann, muß die Werbung folgende Angaben enthalten:

1. Alle wesentlichen Merkmale der Ware oder Dienstleistung;
2. Die Identität und Anschrift des Unternehmers (ggf. die Identität und Anschrift des Unternehmers, für den er handelt);
3. Wenn ein Preis genannt wird, der Endpreis sowie alle zusätzlichen Fracht-, Liefer- und Zustellkosten;
4. Zahlungs-, Liefer- und Leistungsbedingungen;
5. Das Bestehen eines Rechts zum Rücktritt oder Widerruf.

Ein Vertragsabschluss könnte z.B. bei einer Schaufensterwerbung, einer Speisekarte oder einem Warenkatalog unmittelbar bevorstehen. Letztlich sollen die Informationen bei jeder Erklärung des Unternehmers gegeben werden, auf Grund derer sich der Verbraucher zum Erwerb einer bestimmten Ware oder zur Inanspruchnahme einer bestimmten Dienstleistung entschließen kann. Nur bei bloßer Aufmerksamkeitswerbung wird dies normalerweise nicht der Fall sein.

Preisangabenpflicht § 1 PAnGV

Der Grundsatz der Preisklarheit und Preiswahrheit entsprechend, müssen Preise dem jeweiligen Angebot eindeutig zugeordnet werden sowie leicht erkennbar und deutlich lesbar sein. Dem Verbraucher soll damit Klarheit über die Preise und deren Gestaltung verschafft werden. Der Kunde muss nicht erst mühsam die Preise aus eventuell mehreren Bestandteilen zusammensetzen oder gar beim Anbieter erfragen. Nur deutlich dargestellte Preise ermöglichen es dem Verbraucher, die Preiswürdigkeit eines Angebotes zu beurteilen und mit den Preisen der Konkurrenzprodukte zu vergleichen.

Redaktioneller Inhalt und Anzeigen §§ 3 Abs. 3 Nr.11 des Anhangs, 4 Abs. 3 UWG

Die Tarnung werblicher Texte als redaktionelle Äußerung stellt grundsätzlich einen Verstoß gegen das Verbot der irreführenden Werbung und Schleichwerbung dar und ist damit wettbewerbswidrig. Bei Printmedien und Fernsehsendungen muss der Beitrag deutlich sichtbar mit dem Wort „Anzeige" gekennzeichnet werden. Beim Hörfunk muss vor und nach dem Beitrag auf einen Radio-Spot hingewiesen werden.

Bildrechte und Bildkäufe

Das Urheberrecht gilt gleichermaßen für Privatleute und Gewerbetreibende. Ein urheberrechtlich geschütztes Werk darf nicht verändert, umgestaltet oder bearbeitet werden. Es darf nicht ohne Einwilligung des Urhebers bzw. Rechteinhabers veröffentlicht werden. Bei Veröffentlichung muss der Name des Urhebers genannt werden.

Unzumutbare Belästigung § 7 Abs.1 u. 2 UWG; Ausnahme § 7 Abs. 3 UWG

Die Grundsätze auf S. 55 gelten nicht, wenn

- ein Unternehmer im Zusammenhang mit dem Verkauf einer Ware oder Dienstleistung von dem Kunden dessen elektronische Postadresse erhalten hat,
- der Unternehmer die Adresse zur Direktwerbung für eigene ähnliche Waren oder Dienstleistungen verwendet,
- der Kunde der Verwendung nicht widersprochen hat und
- der Kunde bei Erhebung der Adresse und bei jeder Verwendung klar und deutlich darauf hingewiesen wird, dass er der Verwendung jederzeit widersprechen kann, ohne dass hierfür andere als die Übermittlungskosten nach den Basistarifen entstehen.

§ 7 Abs. 3 UWG stellt eine gesetzliche Ausnahme zum Einwilligungserfordernis bei E-Mail-Werbung dar und ist auf solche Fälle beschränkt, in denen der Händler Email-Werbung unter den vorgenannten Bedingungen an Bestandskunden versendet.

Bei Telemedien gilt ergänzend noch der § 6 Abs. 2 TMG

Diensteanbieter haben bei kommerziellen Kommunikationen, die Telemedien oder Bestandteile von Telemedien sind, mindestens die folgenden Voraussetzungen zu beachten:

1. Kommerzielle Kommunikationen müssen klar als solche zu erkennen sein.
2. Die natürliche oder juristische Person, in deren Auftrag kommerzielle Kommunikationen erfolgen, muss klar identifizierbar sein.
3. Angebote zur Verkaufsförderung wie Preisnachlässe, Zugaben und Geschenke müssen klar als solche erkennbar sein, und die Bedingungen für ihre Inanspruchnahme müssen leicht zugänglich sein sowie klar und unzweideutig angegeben werden.
4. Preisausschreiben oder Gewinnspiele mit Werbecharakter müssen klar als solche erkennbar und die Teilnahmebedingungen leicht zugänglich sein sowie klar und unzweideutig angegeben werden.

(2) Werden kommerzielle Kommunikationen per elektronischer Post versandt, darf in der Kopf- und Betreffzeile weder der Absender noch der kommerzielle Charakter der Nachricht verschleiert oder verheimlicht werden. Ein Verschleiern oder Verheimlichen liegt dann vor, wenn die Kopf- und Betreffzeile absichtlich so gestaltet sind, dass der Empfänger vor Einsichtnahme in den Inhalt der Kommunikation keine oder irreführende Informationen über die tatsächliche Identität des Absenders oder den kommerziellen Charakter der Nachricht erhält.

69

Rabattwerbung

- Bei allen Rabatt-/Preisnachlässen müssen dem Verbraucher die Bedingungen oder Einschränkungen in der Werbung eindeutig und klar offengelegt werden. Der Verbraucher muss aufgeklärt werden über: Höhe des Rabatts, Zeitraum der Rabattaktion und für wen oder welche Waren die Rabattaktion gilt.
- Von einer irreführenden Rabattgewährung muss Abstand genommen werden, wenn von einem überhöhten Ausgangspreis „Mondpreis" ausgegangen wird, und dieser als Grundlage für einen Rabatt herangezogen wird.
- Verboten sind Rabatte die mit übertriebenem Anlocken erfolgen, z.B. wenn eine Rabattaktion sehr kurz befristet angeboten und der Verbraucher dadurch übertrieben unter Druck gesetzt wird und er auf Grund der Frist nicht ausreichend Möglichkeit hat Angebote vergleichen zu können.

Unlautere geschäftliche Handlungen §§ 3,4 UWG

Unlauter handelt insbesondere, wer

1. geschäftliche Handlungen vornimmt, die geeignet sind, die Entscheidungsfreiheit der Verbraucher oder sonstiger Marktteilnehmer durch Ausübung von Druck, in menschenverachtender Weise oder durch sonstigen unangemessenen unsachlichen Einfluss zu beeinträchtigen;
2. geschäftliche Handlungen vornimmt, die geeignet sind, geistige oder körperliche Gebrechen, das Alter, die geschäftliche Unerfahrenheit, die Leichtgläubigkeit, die Angst oder die Zwangslage von Verbrauchern auszunutzen;
3. den Werbecharakter von geschäftlichen Handlungen verschleiert;
4. bei Verkaufsförderungsmaßnahmen wie Preisnachlässen, Zugaben oder Geschenken die Bedingungen für ihre Inanspruchnahme nicht klar und eindeutig angibt;
5. bei Preisausschreiben oder Gewinnspielen mit Werbecharakter die Teilnahmebedingungen nicht klar und eindeutig angibt;
6. die Teilnahme von Verbrauchern an einem Preisausschreiben oder Gewinnspiel von dem Erwerb einer Ware oder der Inanspruchnahme einer Dienstleistung abhängig macht, es sei denn, das Preisausschreiben oder Gewinnspiel ist naturgemäß mit der Ware oder der Dienstleistung verbunden;
7. die Kennzeichen, Waren, Dienstleistungen, Tätigkeiten oder persönlichen oder geschäftlichen Verhältnisse eines Mitbewerbers herabsetzt oder verunglimpft;
8. über die Waren, Dienstleistungen oder das Unternehmen eines Mitbewerbers oder über den Unternehmer oder ein Mitglied der Unternehmensleitung Tatsachen behauptet oder verbreitet, die geeignet sind, den Betrieb des Unternehmens oder den Kredit des Unternehmers zu schädigen, sofern die Tatsachen nicht erweislich wahr sind; handelt es sich um vertrauliche

Mitteilungen und hat der Mitteilende oder der Empfänger der Mitteilung an ihr ein berechtigtes Interesse, so ist die Handlung nur dann unlauter, wenn die Tatsachen der Wahrheit zuwider behauptet oder verbreitet wurden;

9. Waren oder Dienstleistungen anbietet, die eine Nachahmung der Waren oder Dienstleistungen eines Mitbewerbers sind, wenn er

    a) eine vermeidbare Täuschung der Abnehmer über die betriebliche Herkunft herbeiführt,

    b) die Wertschätzung der nachgeahmten Ware oder Dienstleistung unangemessen ausnutzt oder beeinträchtigt oder

    c) die für die Nachahmung erforderlichen Kenntnisse oder Unterlagen unredlich erlangt hat;

10. Mitbewerber gezielt behindert;

11. einer gesetzlichen Vorschrift zuwiderhandelt, die auch dazu bestimmt ist, im Interesse der Marktteilnehmer das Marktverhalten zu regeln.

Ergänzend dazu: Anhang zu § 3 Abs. 3UWG (sog. Schwarze Liste)

Werbung mit Testergebnissen §§ 5, 6 UWG

Wird für ein Produkt mit einem Testergebnis in der Werbung dargestellt, müssen außer den gesetzlichen Vorgaben der Irreführung und vergleichenden Werbung folgende Punkte beachtet werden:

- Angabe der Veröffentlichungsquelle des Tests
- Testergebnisse dürfen nicht mit eigenen Worten umschrieben werden
- Verwendung aktueller Ergebnisse (Ausnahme: wenn das Datum des Tests mit angegeben wird und das Produkt nicht technisch überholt ist)
- nur Testergebnisse verwenden, die sich auf das angebotene Produkt beziehen
- das beworbene Produkt muss mit getestetem identisch sein
- Verwendung der Testergebnisse von unabhängigen Einrichtungen (z.B. Stiftung Warentest)
- Angabe der Note, der Heft-Nr., Ausgabejahr und Ranking

Jede Untersuchungsorganisation hat ihre eigenen Regeln, diese beachten!

Service-Nummer §§ 3 Nr. 8b, 66 a, d TKG

Bei „0180" Service-Nummern sind die Maximalkosten festgesetzt und müssen neben der Rufnummer mit folgendem Satz darauf hingewiesen werden:

„14 ct/min aus dem deutschen Festnetz, höchstens 42 ct/min aus Mobilfunknetzen"

WERBUNG UND GESETZE!
Gewinnspiele/Preisausschreiben können unzulässig sein:

1. Koppelung mit dem Erwerb einer Ware/Leistung § 4 Nr. 6 UWG

Die Koppelung von einem Gewinnspiel an den Kauf einer Ware oder Dienstleistung ist ausdrücklich verboten § 4 Nr. 6 UWG. Das heißt, ein Gewinnspiel ist dann unzulässig, wenn die Teilnehmer erst etwas erwerben müssen, um am Gewinnspiel teilnehmen und die Lösung herausfinden zu können. Dabei genügt es schon, wenn die Teilnehmer sich höhere Gewinnchancen ausrechnen, wenn sie etwas kaufen. Ob ein Kauf erfolgt, ist nicht entscheidend. Die Verleitung dazu genügt. Grundsätzlich unzulässig ist auch eine Angabe, durch eine bestimmte Ware oder Dienstleistung, ließen sich die Gewinnchancen bei einem Glücksspiel erhöhen (Nr. 16 des Anhangs zu § 3 Abs. 3 UWG).

Beispiele unzulässiger Koppelung:
- Die Teilnahme ist nur über eine Mehrwertdiensterufnummer möglich.
- Das Gewinnspiel ist auf die Verpackung einer Ware aufgedruckt.
- An der Verpackung befindet sich ein Anhänger mit dem Gewinnspiel.
- Die Lösung kann man nur in der Verpackung einer Ware finden.

Zulässig wird eine Koppelung nur dann, wenn
- das Preisausschreiben oder Gewinnspiel naturgemäß mit der Ware verbunden ist, z.B. Kreuzworträtsel in Zeitschriften – ohne den Kauf der Zeitschrift ist die Teilnahme nicht möglich
- alternative Teilnahmemöglichkeiten eröffnet werden: z.B. Teilnahme nicht nur über die Mehrwertdiensterufnummer oder Kauf der Ware, wegen des Gewinnspiels auf der Verpackung, sondern auch per Postkarte oder E-Mail. Es muss sich um eine unkompliziert zu nutzende Alternative handeln. Der Hinweis auf die alternative Teilnahmemöglichkeit darf nicht kaum leserlich und versteckt sein, sondern sollte in ähnlicher Weise aufgemacht sein wie der Hinweis auf die Mehrwertdiensterufnummer. Bei dem Gewinnspiel auf der Verpackung wäre eine Alternativmöglichkeit die Auslage von Teilnahmepostkarten im Verkaufslokal in unmittelbarer Nähe der Ware. Ein Teilnehmer, der die Alternativmöglichkeit nutzt, muss dieselben Gewinnchancen haben.

2. Unsachliche Einflussnahme auf die Entscheidungsfreiheit und übertriebenes Anlocken

So war z.B. ein Internet-Gewinnspiel unzulässig wegen unsachlicher Einwirkung auf die Entscheidungsfreiheit, da das Absenden und damit die Teilnahme nur möglich gewesen ist, wenn zwei Kontrollkästchen angekreuzt waren: das eine mit dem Einverständnis in die Teilnahmebedingungen – so weit war es noch zulässig -, und das andere mit der Einwilligung in die Nutzung der persönlichen Daten zu Werbezwecken. Dass beide Erklärungen zwingend waren, merkte man erst, wenn die „Teilnahmekarte" wegen des fehlenden zweiten Kreuzchens nicht abgeschickt werden konnte. Der unsachliche Einfluss wurde darin gesehen, dass der Teilnehmer durch sachfremde Motive dazu bewegt werde, einen Teil seiner Privatsphäre preiszugeben. Verstärkt wurde das noch dadurch, dass er vor der Koppelung mit der Einwilligung zur weiteren Nutzung der Daten erst erfuhr, nachdem er sich bereits für die Teilnahme entschieden und alles ausgefüllt hatte (psychischer Druck).

3. Psychologischer Kaufzwang

Die Teilnehmer dürfen nicht, um am Gewinnspiel teilnehmen zu können, unter psychologischen Kaufzwang gesetzt werden. Eine solche Zwangslage, (der Kunde denkt, er müsse anstandshalber eine Kleinigkeit kaufen) wird angenommen, wenn der Kunde zur Teilnahme an einem Gewinnspiel das Ladenlokal betreten muss, um bei einem Verkäufer oder an der Kasse nach einer Teilnahmekarte zu fragen.

4. Aleatorische Anreize

Aleatorische Anreize sind solche, die an die Spiellust gerichtet sind. Wenn der Anreiz, mitzuspielen und dadurch etwas zu gewinnen, so groß ist, dass die rationale Entscheidung des Kunden ausgeschaltet wird, dann ist dies unter dem Aspekt des unangemessenen unsachlichen Einflusses unzulässig. Dies wird nur in Ausnahmefällen anzunehmen sein.

5. Irreführung über Teilnahmebedingungen

Es darf nicht über die Teilnahmebedingungen und die Gewinne, die Gewinnchance und den Wert der Gewinne getäuscht werden. Dies wäre ein Verstoß gegen das Irreführungsverbot, das in § 4 Nr. 6 UWG bzgl. der Teilnahmebedingungen noch konkretisiert wurde. Die Teilnahmebedingungen müssen „klar und eindeutig" angegeben werden. Es sind zwar keine bestimmten Teilnahmebedingungen vorgeschrieben. Es haben sich aber in der Vergangenheit einige Punkte entwickelt, die als Leitfaden dienen können:

- Erste Preise dürfen ohne Ankündigung nicht mehrfach vergeben werden.
- Über verschiedene Gewinnklassen und die Wertangaben für Gewinne muss korrekt aufgeklärt werden. Es ist z.B. unzulässig, nur mit hohen Gewinnen zu werben und zu verschweigen, dass es auch geringwertige Gewinne geben kann.
- Werden hohe Gewinne angepriesen, dürfen nicht nur relativ wertlose Gewinne ausgeschüttet werden.
- siehe ergänzend die Checkliste Gewinnspiel S. 26

Nähere und weitere Angaben sind dem Gesetzestext zu entnehmen.

Diese Informationen sollten vollständig zu dem Zeitpunkt angegeben werden, zu dem eine unmittelbare Teilnahme am Gewinnspiel ermöglicht wird, oder sehr außergewöhnliche Bedingungen zu Fehlvorstellungen führen könnten.

Zu den weiteren wettbewerbsrechtlich relevanten Vorgaben für die kommerzielle Kommunikation bei Telemedien siehe die weiteren Einzelheiten in § 6 TMG, S. 69. Es handelt sich allesamt um Marktverhaltenregelungen gemäß § 4 Nr. 11 UWG.

WERBETRÄGER-MATRIX

	VORTEILE	NACHTEILE
Zeitungen	• Kurzfristige Beeinflussung • Exaktes Timing • Hohe Aktualität • Weite Verbreitung • Hohe Glaubwürdigkeit beim Leser	• Ungenaue Zielgruppenansprache • Kurze Lebensdauer • Kurze Dauer des Werbekontaktes
Zeitschriften	• Mehrfachkontakte hoch • Große Reichweite • Niedrige Kosten	• Streuverluste • Längerfristige Planung
Fachzeit-schriften	• Spezifischer Leserkreis • Hohe Erreichbarkeit der Leserschaft	• Verstärkte Aufmerksamkeit der Leser auf Artikeln (Werbung wird eher übersehen)
Flyer	• Einfache Herstellung und Verbreitung • Kostengünstige Produktion auch in hohen Auflagen • Erreichen vieler Adressaten • Große Viefalt bzgl. Gestaltung, Format und Umfang	• Akzeptanz sehr gering • Beachtungsgrad der unadressierten Werbung ist sehr gering • Starke Verbreitung sorgt für „Abstumpfung" beim Adressaten
Mailing	• Direkte/individuelle Ansprache der Zielgruppe • Große Gestaltungsmöglichkeit (Selfmailer, Prägung etc.)	• Kann als störend und aufdringlich empfunden werden • Adressenbestand notwendig
Antwortkarte	• Schnelle Erfassung durch potenzielle Kunden (da die Karte nicht im Umschlag ist) • Kostengünstiger Versand • Einfache Handhabung	• Begrenzte Werbefläche
Plakat	• Große Reichweite (je nach Standort) • Auffällig durch Größe • Gut messbare Werbewirkung • Kostengünstige Produktion	• Situation der Reizüberflutung • Flüchtige Wahrnehmung

	VORTEILE	*NACHTEILE*

TV	• Große Reichweite
	• Geografisch und zeitlich flexibel
	• Zielgruppengerechte Platzierung
	  möglich
	• Erfolgskontrolle (Einschaltquoten)
		• Hohe Kosten
		• Einschränkungen bei der Platzierung
		  der Werbung
		• Unterbringung der Werbebotschaft
		  (Spotlänge begrenzt)

Radio	• Große Reichweite
	• Niedrige Kosten (im Vgl. zu TV)
	• Lokal, regional effektiv
	• Wirkt durch die unterbewusste Aufnahme
	  der Botschaft
	• Universell verfügbar
		• National flächendeckende
		  Werbung nicht möglich
		• Zu wenig Programmvielfalt
		• Werbewirkung setzt wiederholte
		  Spotausstrahlung voraus

Messe	• Große Anzahl von potenziellen Kunden
	• Intensive Firmen- und Produkt-
	  präsentation
	• Große Anzahl persönlicher Gespräche
	  mit potenziellen Kunden
		• Hohe Kosten (Personal, Stand)
		• Hohe Reizüberflutung für Besucher
		• Zeit- und arbeitsaufwendig (Planung)

Internet	• 24 Stunden Empfang
	• Werbung schnell (kurzfristig)
	  veränderbar und aktualisierbar
		• Internetzugang notwendig
		• Banner werden weggeklickt,
		  da sie bekannt sind

**Newsletter
(Online)**
	• Kostengünstige Erstellung
	• Sehr gute messbare Werbewirkung
	• Verknüpfung mit Sozialen
	  Netzwerken möglich
	• Zeitlich nicht eingeschränkte
	  Erreichbarkeit der Zielgruppe
	• Einfache Personalisierung
		• Haptik fehlt
		• E-Mails kommen schneller in
		  den „Papierkorb" (SPAM-Verdacht)
		• E-Mails werden oft weniger
		  intensiv gelesen
		• Zielgruppe wird von vielen anderen
		  Newslettern überflutet

Banner (Online)	• Kostengünstige Werbeform • Gezielte Streuung • Werbewirkung messbar	• Animierte Banner wirken störend • Ständige Optimierung notwendig, um gutes Ergebnis zu erzielen

75

FORMATE

Die wichtigsten Online-Banner Werbeformate (in Pixeln)

Mikro-Button	88 x 31
Button	120 x 60
Standard Skyscraper	120 x 600
Wide Skyscraper	160 x 600
Rectangle	180 x 150
Halfsize-Banner	234 x 60
Pop-Up	300 x 200
oder	250 x 250
Medium Rectangle	300 x 250
Universal Flash-Layer	400 x 400
Full Banner	468 x 60
Super Banner	728 x 90

2 x gefaltet

1 x gefaltet

DIN-Formate für Papier und Versandkuverts (in mm)

	DIN A	DIN B	DIN C
0	841 x 1189	1000 x 1414	917 x 1297
1	594 x 841	707 x 1000	648 x 917
2	420 x 594	500 x 707	458 x 648
3	297 x 420	353 x 505	324 x 458
4	210 x 297	250 x 353	229 x 324
5	148 x 210	176 x 250	162 x 229
6	105 x 148	125 x 176	114 x 162
7	74 x 105	88 x 125	81 x 114
8	52 x 74	62 x 88	57 x 81
9	37 x 52	44 x 62	
10	26 x 37	31 x 44	

DIN Lang 105 x 210 oder 99 x 210 (1/3 der Blattgröße A4)

Die gebräuchlichsten Umschlaggrößen der DIN B Reihe
(Versand für mehr als 5-8 Blätter geeignet)
DIN B6 = 125 x 176 mm (2 x gefaltetes DIN A4 Blatt - Postkartenformat)
DIN B5 = 176 x 250 mm (1 x gefaltetes DIN A4 Blatt)
DIN B4 = 250 x 353 mm (ungefaltetes DIN A4 Blatt)

Die gebräuchlichsten Umschlaggrößen der DIN C Reihe
(Versand für bis zu 5 Blätter geeignet)
DIN C6 = 114 x 162 mm (2 x gefaltetes DIN A4 Blatt - Postkartenformat)
DIN C5 = 162 x 229 mm (1 x gefaltetes DIN A4 Blatt)
DIN C4 = 229 x 324 mm (ungefaltetes DIN A4 Blatt)

Die Umschlaggrößen DIN lang und DIN C6/5 (DIN lang +)
Die Umschlagformate DIN lang und DIN C6/5 sind Sonderformate
DIN lang = 110 x 220 mm (für bis zu 3 Blätter DIN A4)
DIN C6/5 = 114 x 229 mm (für bis zu 6 Blätter DIN A4, Portogrenze 50 g)

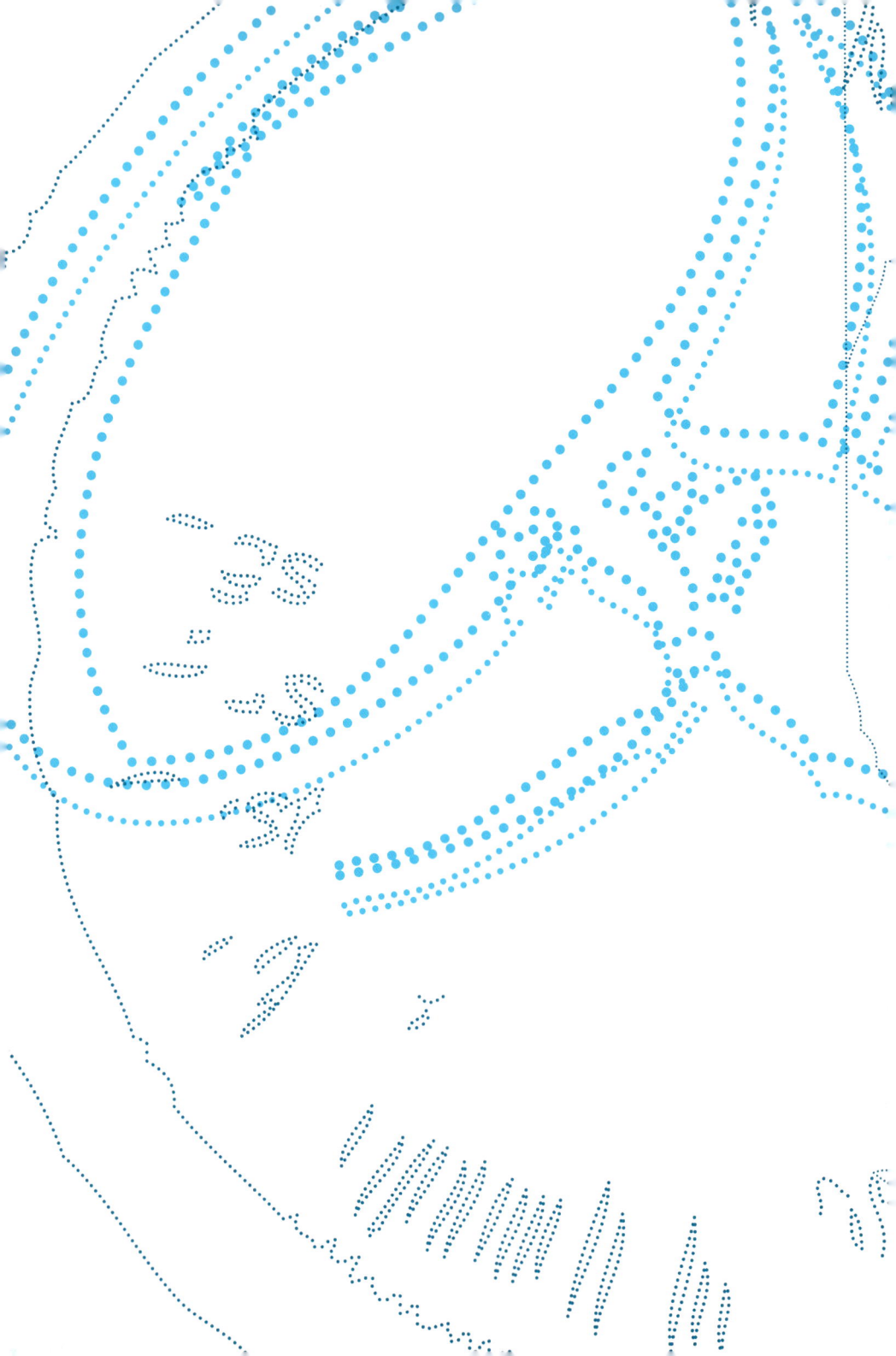

ANHANG

GLOSSAR

AD-SPECIAL

ist eine besondere Werbeform, die in Printmedien einen hohen Erinnerungswert schafft und große Aufmerksamkeit erzielt (z.B. Papierveredelung, Beihefter, Prägedruck Einschublaschen, Beikleber, etc.).

BENEFIT

ist der Nutzen für den Kunden, der in einer Werbebotschaft vermittelt wird.

COPYTEXT

auch Bodytext genannt, bezeichnet den Fließtext, der nach der Head- und Subline angehängt wird. Dieser besteht aus mehreren Zeilen Text und Absätzen.

CORPORATE DESIGN

ist eines von 3 Modulen im Corporate Identity Prozess und beschreibt das visuelle Erscheinungsbild eines Unternehmens.

FOOTER

Der Footer steht am Fußende einer Internetseite. Informationen wie AGB, Impressum, Versandkosten stehen dort meist griffbereit.

GESTRICHENES/UNGESTRICHENES PAPIER

Gestrichenes Papier (auch Kunst- oder Bilderdruckpapier) hat eine geschlossene, glatte Oberfläche, so dass es für alle Druckverfahren geeignet ist.

Ungestrichenes Papier (auch Naturpapier) ist satiniert, holzhaltig oder holzfrei. Es ist für den Druck feiner Raster nicht geeignet, da es die Farbe und Schrift schnell aufsaugt.

GIVE AWAY

ist eine Zugabe, wie z.B. ausgefallene, lustige oder attraktive Werbeartikel, die einen Erinnerungswert zum Produkt und Kundenbindung schaffen soll.

HEADER (ENGL. HEAD=KOPF)

kommt aus der digitalen Kommunikation und bezeichnet den Kopfbereich, z.B. bei einer Internetseite.

HEADLINE

Die Headline nennt man auch Schlagzeile. Eine Headline muss ein Versprechen bzw. einen Nutzen für den Leser enthalten. Damit wird das Interesse eines flüchtigen Lesers gefesselt und zum Weiterlesen gereizt. In wenigen Sekunden muss der Leser erkennen können, um welches Problem es sich handelt.

KEY VISUAL

ist ein Grund-/Bildmotiv und fungiert als Schlüsselreiz, der den Auftritt des Unternehmens und der Marke langfristig visuell/akustisch wiedererkennbar macht und präsentiert.

LANDING PAGE

ist eine für ein bestimmtes in einer Werbeaktion geworbenes Produkt eingerichtete Internetseite. Der potenzielle Kunde wird dabei direkt auf das Produkt geleitet. So kann er sich ohne Ablenkung speziell über das interessierte Produkt informieren und ggf. online einkaufen.

DOUBLE-OPT-IN

beschreibt ein Verfahren zur Anmeldung für einen Newsletter. Der Interessent bestätigt per Mail die Anmeldung. Erst dann kann er den Newsletter erhalten.

POS-AKTION (POINT OF SALE)

ist eine Verkaufsförderungsmaßnahme, die an einem bestimmten Verkaufsort eines Produktes zu einer

Kaufentscheidung führen soll, z.B. Schaufenster, Thekenaufsteller, Regalstopper, Türschilder etc.

QR-CODE
In einem QR-Code können verschiedene Infos hinterlegt werden: URL, Kontaktdaten, Telefon-Nr. oder E-Mail Adressen (z.B. goqr.me). Für eine größere Bekanntheit und Wiedererkennung können QR-Codes auch individuell gestaltet werden. Das Zeichen darf wegen der Lesbarkeit nicht kleiner als 1,5 cm abgebildet werden.

SERIFENSCHRIFTEN
haben eine feine Quer-Linie am Ende eines Buchstabens, diese nennt man auch „Füßchen".

SLOGAN
Ein Slogan (Claim) beinhaltet beschreibende und/oder emotionale Markeninhalte und ist die verbale Konstante gegenüber der Headline. Er hat einen hohen Erinnerungswert, z.B. „Bitte ein Bit" (Bitburger) und steht meist neben dem Logo/Firmennamen. Der Slogan sollte nicht länger als 6 Worte sein und muss langfristig einsetzbar bleiben.

SOCIAL MEDIA
ist eine digitale Kommunikationsplattform, die es den Anwendern ermöglicht, mit anderen Teilnehmern Informationen auszutauschen.

STÖRER
Ein Störer (auch Eyecatcher genannt) ist ein auffälliges grafisches Element, das die Aufmerksamkeit des Lesers auf eine bestimmte Information lenken soll, oder zu einer Handlung auffordert (z.B. Kauf, Antwort) und dabei auf eine Dringlichkeit hinweist.

SUBLINE
Die Subline ist eine untergeordnete Zeile der Headline, d.h. sie steht meist in einer kleineren Schriftgröße und unterstützt die Hauptbotschaft.

TONALITÄT (ENGL. TONALITY)
ist der Stil (Atmosphäre), in der sich die Werbebotschaft bewegt.

TRAFFIC
beschreibt den Daten- bzw. Besucherstrom auf einer Internetseite. Mehr Traffic kann geschaffen werden durch: Suchmaschinenoptimierung, Kommentieren in Blogs, Anwendung von Tracking Tools, Gewinnspiele, etc.

USABILITY
ist die Benutzerfreundlichkeit eines Bedienfeldes für den Kunden (z.B. beim Internetauftritt).

USP (UNIQUE SELLING PROPOSITION)
ist das Alleinstellungsmerkmal eines Produktes/Dienstleistung am Markt, durch das es sich abhebt.

UAP (UNIQUE ADVERTISING PROPOSITION)
ist das Alleinstellungsmerkmal durch eine emotional werbliche Umsetzung.

TESTIMONIALS
sind bekannte Persönlichkeiten, die für ein bestimmtes Produkt werben.

SLICE-OF-LIFE
ist eine bestimmte, besonders natürlich gehaltene Szenendarstellung aus dem Alltagsleben.

V-CARD
ist eine elektronische Visitenkarte für das digitale Adressbuch und E-Mail-Programm.

LITERATURVERZEICHNIS

Bauer, Kurt/Giesriegl, Karl: Druckwerke und Werbemittel, Frankfurt³ 2002.

Birkigt, K./Stadler, M.M./Funck, H.J.: Corporate Identity, München¹¹ 1980.

Braun, Gerhard: Grundlagen der visuellen Kommunikation, München² 1993.

Gevatter, Annette: druckreif, Stuttgart³ 1999.

Grözinger, Klaus: Gestaltung von Plakaten, München 2000.

Huth, Rupert/Pflaum, Dieter: Einführung in die Werbelehre, Stuttgart/Berlin/Köln⁶ 1996.

Kath, Joachim: Die 100 Gesetze erfolgreicher Werbung, München 1980.

Rauda, Dr. Christian: Rechtssichere Werbung, München 2009.

Sauthoff, D./Wendt, G./Willberg, H.P.: Schriften erkennen, Mainz⁶ 1997.

„Aktuelle Bundesrecht", unter: http://www.gesetze-im-internet.de (abgerufen am 01.12.2011).

Gelbrich, O.: „Browser Templates", unter: http://www.webdesignerstoolkit.com
(abgerufen am 20.03.2012).

DANKSAGUNG

Dank an Christina Jooss für die Beiträge und Vorschläge im Bereich Internetseite.

Dank an Christian Szandor Knapp für das Gegenlesen, die Vorschläge und Anmerkungen.

Dank an Monika Schäfle für die Beiträge und Vorschläge im Bereich Newsletter.

Dank an Jan Schwab für die Verbesserungen in der PR-Mitteilung.

Dank an Constanze Weymann für die Beiträge und Vorschläge im Bereich TV-Spot.

Außerdem danke ich Sigrid, Thomas, Mama, Papa, Yalcin und meinem Mann für all ihre Unterstützung und Ermutigung.

83

Ganz besonderen Dank an:

Christiane Pichler
Texterin

für Texterstellung, -optimierung und inhaltliche Ergänzungen

www.textquell.de

Sabine L. Stroh
Texterin/Lektorin/Übersetzerin

für Lektorat, Strukturieren und Vereinheitlichen der Texte sowie für die vielen wertvollen Ideen

www.sabkultur.de

Cristian-Oskar Marcachi
Rechtsanwalt

für Mitwirkung und rechtliche Beratung beim Thema Medien- und Internetrecht

kanzlei@itrecht-freiburg.de
www.itrecht-freiburg.de

REGISTER